Salim Nassreddine
Laurent Piccolo

L'Hydrotraitement du gazole par un procédé à deux étapes

AF004131

Salim Nassreddine
Laurent Piccolo

L'Hydrotraitement du gazole par un procédé à deux étapes

Hydroconversion de la tétraline en présence du soufre dans un réacteur continu sous pression

Presses Académiques Francophones

Imprint

Any brand names and product names mentioned in this book are subject to trademark, brand or patent protection and are trademarks or registered trademarks of their respective holders. The use of brand names, product names, common names, trade names, product descriptions etc. even without a particular marking in this work is in no way to be construed to mean that such names may be regarded as unrestricted in respect of trademark and brand protection legislation and could thus be used by anyone.

Cover image: www.ingimage.com

Publisher:
Presses Académiques Francophones
is a trademark of
International Book Market Service Ltd., member of OmniScriptum Publishing Group
17 Meldrum Street, Beau Bassin 71504, Mauritius

Printed at: see last page
ISBN: 978-3-8416-3401-6

Zugl. / Agréé par: Lyon, Universite Claude Bernard, 2010

Copyright © Salim Nassreddine, Laurent Piccolo
Copyright © 2015 International Book Market Service Ltd., member of OmniScriptum Publishing Group
All rights reserved. Beau Bassin 2015

Introduction générale 1

Chapitre I
Analyse bibliographique

I.1. Introduction 5
    I.1.1. Le raffinage..5
    I.1.2. Hydrotraitement du gazole 6

I.2. Réactivité des métaux supportés 9
    I.2.1. Hydrogénation des aromatiques 9
    I.2.2. Hydrogénolyse des naphtènes 9
    I.2.3. Thiorésistance 10
        I.2.3.1. Empoisonnement par le soufre 10
        I.2.3.2. Amélioration de la thiorésistance 11

I.3. Ouverture sélective des composés monocycliques sur métaux....................12
    I.3.1. Activité et sélectivité..12
    I.3.2. Mécanismes proposés 14

I.4. Catalyse acide et catalyse bifonctionnelle en ouverture de cycle : généralités 16
    I.4.1. Contraction et ouverture des cycles sur catalyseurs solides acides.........16
    I.4.2. Contraction et ouverture des cycles sur catalyseurs bifonctionnels 17

I.5. Ouverture sélective des composés bicycliques : cas de la décaline et de la tétraline 18
    I.5.1. Décaline 18
        I.5.1.1. Transformation par catalyse acide 19
        I.5.1.2. Transformation par catalyse bifonctionnelle 20
    I.5.2. Tétraline...22
        I.5.2.1. Transformation par catalyse acide 22
        I.5.2.2. Transformation par catalyse bifonctionnelle 23

Chapitre II
Techniques expérimentales

II.1. Préparation des catalyseurs 31
    II.1.1. Imprégnation sans excès de solution... 31
    II.1.2. Frittage des nanoparticules d'iridium... 32

II.2. Caractérisation des catalyseurs 32
    II.2.1 Analyse chimique (ICP-OES) 32
    II.2.2 Analyse texturale 32
    II.2.3 Microscopie électronique en transmission à haute résolution (HRTEM) 33
    II.2.4. Microscope électronique à balayage (SEM).. 34
    II.2.5. Spectroscopie X dispersive en énergie (EDX) 34
    II.2.6. Spectroscopie de photoélectrons induits par rayons X (XPS)............................. 34
    II.2.7. Diffraction des rayons X (XRD).. 35
    II.2.8. Analyse simultanée thermogravimétrique et thermique différentielle couplée à la spectrométrie de masse (TG-DTA-MS) 37
    II.2.9. Spectroscopie d'absorption infrarouge de pyridine adsorbée 37
    II.2.10. Spectroscopie d'absorption infrarouge en réflexion diffuse de CO adsorbé (CO-DRIFTS) 38

II.3. Evaluation des propriétés catalytiques 41
    II.3.1. Description du banc de test catalytique 41
    II.3.2. Conditions opératoires.. 42
    II.3.3. Vitesses, rendements et sélectivités 44

II.4. Identification des produits 45
    II.4.1. Chromatographie en phase gazeuse 45
    II.4.2. Chromatographie en phase gazeuse à deux dimensions couplée à la spectrométrie de masse (GCxGC-MS)... 45
    II.4.3. Résonance magnétique nucléaire (NMR) du liquide 48
    II.4.4. Regroupement des produits 48

Chapitre III
Optimisation du traitement thermique d'activation des catalyseurs

III.1. Introduction 53

III.2. Caractérisation structurale des catalyseurs par microscopie électronique en transmission..53

III.3. Analyse thermogravimétrique et spectrométrique 55
    III.3.1. Décomposition d'acacH sous différentes atmosphères..........................55
    III.3.2. Décomposition de Ir(acac)$_3$ sous différentes atmosphères 57

III.4. Diffraction des rayons X *in situ* 61
    III.4.1. Activation des catalyseurs par calcination suivie d'une réduction 61
    III.4.2. Activation des catalyseurs par réduction directe 63

III.5. Conclusion..65

Chapitre IV
Influence de l'acidité du support et de l'ajout de palladium

IV.1. Influence de l'acidité du support 71
   IV.1.1. Introduction 71
   IV.1.2. Caractérisation des supports 71
      IV.1.2.1. Composition chimique 71
      IV.1.2.2. Propriétés texturales 72
      IV.1.2.3. Morphologie 73
      IV.1.2.4. Acidité 74
   IV.1.3. Caractérisation de la phase métallique 77
   IV.1.4. Performances catalytiques 79
      IV.1.4.1. Activité et sélectivité 79
      IV.1.4.2. Réversibilité de l'empoisonnement par le soufre 80
      IV.1.4.3. Ordre par rapport à H_2S 81

IV.2. Influence de l'ajout de palladium 84
   IV.2.1. Introduction 84
   IV.2.2. Caractérisation des catalyseurs Ir-Pd 85
      IV.2.2.1. Catalyseurs calcinés-réduits 86
      IV.2.2.2. Catalyseurs réduits 89
   IV.2.3. Performances des catalyseurs Ir-Pd 92
      IV.2.3.1. Effet de la préparation sur l'activité et la sélectivité 92
      IV.2.3.2. Effet de la concentration de H_2S sur l'activité 94
      IV.2.3.3. Effet de la concentration de H_2S sur la sélectivité 95
      IV.2.3.4. Ordre par rapport à H_2S 96

IV.3. Conclusion 98

Chapitre V
Influence de la taille des particules d'iridium – mécanisme réactionnel

V.1. Introduction 103

V.2. Caractérisation des catalyseurs 104
    V.2.1. Charge métallique des catalyseurs (ICP-OES) et taille des nanoparticules
    d'iridium (TEM) 104
    V.2.2. Morphologie des nanoparticules d'iridium (HRTEM) 106
    V.2.3. Etat d'oxydation de l'iridium dans Ir/ASA (XPS) 108
    V.2.4. Nature des sites métalliques (CO-DRIFTS) 109

V.3. Etude des performances catalytiques 111
    V.3.1. Influence de la taille des particules d'iridium sur l'activité et la sélectivité 111
    V.3.2. Effet de la température et de la concentration de H_2S 112
    V.3.3. Effet du taux de conversion de la tétraline 115

V.4. Analyse détaillée de la sélectivité par GCxGC-MS 118
    V.4.1. Identification des produits de conversion de la tétraline 118
    V.4.2. Influence de la taille des particules d'iridium sur la distribution des produits ... 122
    V.4.3. Discussion des performances catalytiques 125

V.5. Discussion de l'effet de taille et du mécanisme réactionnel 126
    V.5.1. « Intimité » entre sites métalliques et sites acides 126
    V.5.2. Proportions de sites acides et de sites métalliques 128
    V.5.3. Proposition de schéma réactionnel 130

Conclusion générale ………………………………………………………..……..135

Annexe : publications………………………………………………..………...139

Introduction générale

Dans un contexte de croissance mondiale du parc automobile diesel, l'évolution des spécifications environnementales des gazoles en termes d'indice de cétane et de teneur en hydrocarbures polyaromatiques incite les industriels à développer de nouveaux procédés d'hydrotraitement. Ainsi, la saturation des composés aromatiques et l'ouverture sélective des cycles à partir d'un gazole préalablement hydrodésulfuré est susceptible de répondre à ces deux exigences. Pour ce faire, les catalyseurs doivent être non seulement actifs et sélectifs, mais aussi thiorésistants du fait de la présence de soufre résiduel dans la charge. La combinaison d'un métal noble, actif en hydrogénation et hydrogénolyse, et d'un support modérément acide, afin de renforcer la thiorésistance du métal sans promouvoir le craquage non sélectif, est potentiellement intéressante.

Le présent travail fait suite à la thèse de Santiago Casu (Université Lyon 1, 2008) qui avait étudié l'ouverture de la tétraline, molécule présente en abondance dans le gazole, sur différents types de catalyseurs mono- et bi-fonctionnels. A partir de ce criblage, le catalyseur iridium supporté sur silice-alumine amorphe (ASA) avait été sélectionné. Le système Ir-Pt/ASA avait également été étudié, mais n'avait pas montré de performances supérieures à celles de Ir/ASA en termes de sélectivité et de thiorésistance.

Lors de cette thèse, nous avons choisi d'étudier en détail les propriétés structurales et catalytiques du système Ir/ASA. Nous avons ainsi optimisé sa préparation et ajusté ses performances en hydroconversion de la tétraline en jouant sur la composition du support, la dispersion métallique et la composition de la phase métallique (par ajout de Pd). Le présent mémoire est organisé comme suit.

Le Chapitre I présente le contexte de l'étude et propose une synthèse des résultats de la littérature consacrée à l'ouverture de cycle sur catalyseurs métalliques, acides ou bifonctionnels.

Le Chapitre II présente les méthodes de synthèse et les techniques de caractérisations structurale, chimique et catalytique employées lors de ce travail.

Le Chapitre III est consacré à une étude détaillée de la décomposition thermique du précurseur sous différentes atmosphères, qui a permis d'aboutir à un prétraitement optimal du catalyseur.

Le Chapitre IV regroupe les résultats concernant l'influence des conditions de réaction, de l'acidité du support et de l'ajout de Pd sur l'activité et la sélectivité catalytiques de Ir/ASA, ainsi que sur sa résistance au soufre.

Le Chapitre V présente la mise en œuvre de la chromatographie en phase gazeuse bidimensionnelle pour l'identification des produits d'hydroconversion. Celle-ci a permis une étude détaillée de l'évolution de la sélectivité avec la dispersion métallique, qui a pu être ajustée en faisant varier la taille des particules d'iridium. Ce niveau de description nous permet de discuter le mécanisme de la réaction.

Chapitre I

Analyse bibliographique

I.1. Introduction 5
    I.1.1. Le raffinage 5
    I.1.2. Hydrotraitement du gazole 6

I.2. Réactivité des métaux supportés 9
    I.2.1. Hydrogénation des aromatiques 9
    I.2.2. Hydrogénolyse des naphtènes 9
    I.2.3. Thiorésistance 10
        I.2.3.1. Empoisonnement par le soufre 10
        I.2.3.2. Amélioration de la thiorésistance 11

I.3. Ouverture sélective des composés monocycliques sur métaux 12
    I.3.1. Activité et sélectivité 12
    I.3.2. Mécanismes proposés 14

I.4. Catalyse acide et catalyse bifonctionnelle en ouverture de cycle : généralités 16
    I.4.1. Contraction et ouverture des cycles sur catalyseurs solides acides 17
    I.4.2. Contraction et ouverture des cycles sur catalyseurs bifonctionnels 17

I.5. Ouverture sélective des composés bicycliques : cas de la décaline et de la tétraline 18
    I.5.1. Décaline 19
        I.5.1.1. Transformation par catalyse acide 19
        I.5.1.2. Transformation par catalyse bifonctionnelle 20
    I.5.2. Tétraline 23
        I.5.2.1. Transformation par catalyse acide 23
        I.5.2.2. Transformation par catalyse bifonctionnelle 24

I.1. Introduction

I.1.1. Le raffinage

Le raffinage a pour objectif la transformation du pétrole brut en produits pétroliers tels que les carburants (essence, gazole), le GPL (Gaz de Pétrole Liquéfié), les bitumes, les cires et les paraffines répondant à des spécifications précises.

La première étape du raffinage est une étape de distillation qui permet de fractionner les hydrocarbures en plusieurs coupes : les gaz, les essences, le kérosène, les gazoles et le résidu sous vide.

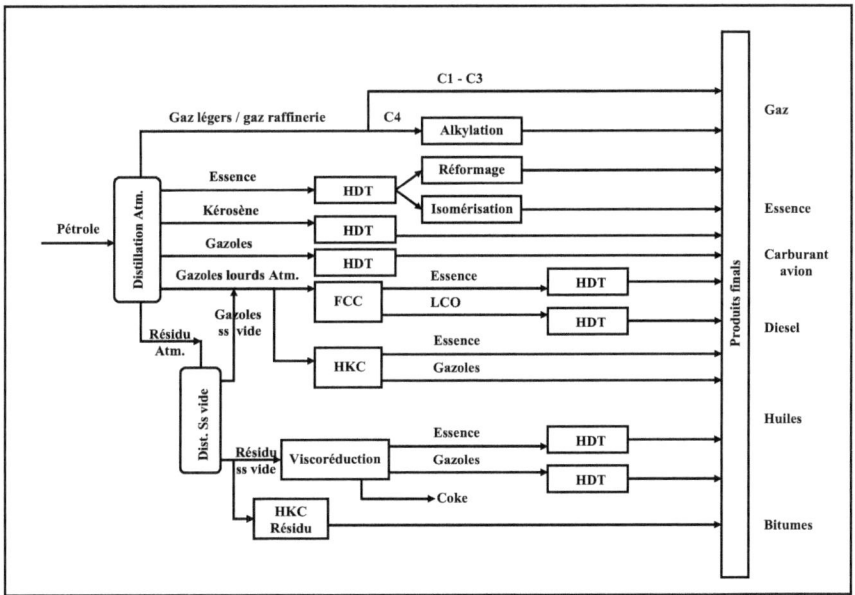

Figure I-1 : Schéma simplifié de raffinage.

Ces coupes sont ensuite traitées pour répondre aux spécifications relatives des différents produits qui sortiront de la raffinerie (l'indice de cétane pour les gazoles par exemple). L'hydrotraitement (HDT) joue un rôle clé dans le raffinage et comprend l'ensemble des procédés permettant d'extraire des hétéroatomes de soufre (S), d'azote (N) et d'oxygène (O), d'éliminer les atomes métalliques et d'hydrogéner les composés aromatiques. Ces réactions sont respectivement les réactions d'hydrodésulfuration (HDS), d'hydrodésazotation (HDN), d'hydrodésoxygénation (HDO), d'hydrodémétallation (HDM) et d'hydrodésaromatisation (HDA) [1].

Par ailleurs, les hétéroatomes agissent comme des poisons des catalyseurs utilisés dans les unités de finition. Ainsi, le rôle de l'hydrotraitement est double, à la fois répondre aux normes industrielles et environnementales, et prétraiter les coupes pétrolières avant passage sur des catalyseurs rapidement empoisonnés par des hétéroatomes.

I.1.2. Hydrotraitement du gazole

En Europe les raffineurs sont obligés de produire un gazole de plus en plus propre et efficace en terme de combustion suivant les normes imposées par l'Union Européenne (Tableau I-1). La qualité d'un gazole est déterminée par sa teneur en hétéroatomes (S, N) et en polyaromatiques mais également par son indice de cétane (IC). Cet indice mesure l'aptitude d'un gazole à s'auto-enflammer sous l'effet de la compression de l'air contenu dans le cylindre du moteur. Il est déterminé à l'aide d'un moteur standard par comparaison du délai d'allumage du gazole considéré avec celui de mélanges étalons constitués de n-hexadécane, d'IC égal à 100, et d'α-méthylnaphtalène d'IC nul. Un gazole aura ainsi un IC égal à x si, dans le moteur standard, il a un délai d'allumage équivalent à un mélange de x %vol. de n-hexadécane et (100-x) %vol. d'α-méthylnaphtalène.

L'effet des caractéristiques du gazole sur la composition des émissions dans des moteurs diesel a été étudié, démontrant qu'une augmentation de la consommation avait une influence importante sur l'augmentation des émissions : microparticules, CO, CO_2 et NO_x. Les particules solides sont constituées essentiellement de carbone élémentaire (suies), sur lesquelles s'adsorbent du carbone organique (dont hydrocarbures polyaromatiques), des sulfates, des nitrates et des métaux (tels que Fe, P, Cu, Pb et Ni) [2]. Une augmentation de l'IC conduit à une diminution de la consommation ainsi qu'à une diminution des quantités de polluants cités précédement. Içingür et coll. ont confirmé ces observations lors de leur étude sur des gazoles d'IC compris entre 51 et 61 [3].

Tableau I-1 : Normes européennes en matière de diesel.

Euro 4 (2005)	Euro 5 (2009)
Concentration en soufre < 50 ppm	Concentration en soufre < 10 ppm
IC > 51	IC > 51
Teneur en polyaromatiques < 11%	Teneur en polyaromatique < 6%

L'IC augmente lorsque le nombre de cycles aromatiques diminue. Il est donc possible d'augmenter l'IC par saturation des aromatiques présents dans le diesel. En réalité, l'hydrogénation de la charge après désulfuration conduit à augmentation modeste de l'IC. Les industriels semblent plutôt se diriger vers un procédé à deux étapes, dans un premier temps, une baisse de la teneur en soufre de la charge (à quelques dizaines de ppm), puis une réduction de la concentration en aromatiques par hydrogénation et ouverture sélective des cycles (OSC) [4-5] (figure I-2). Notre étude concerne cette seconde étape.

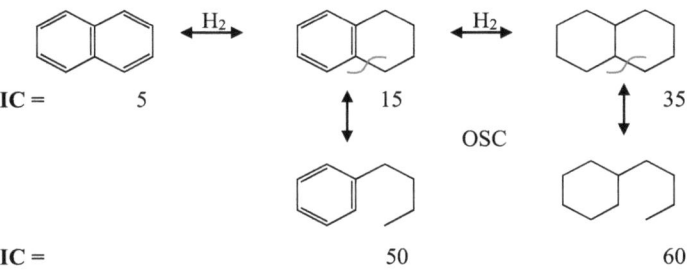

Figure I-2 : Hydrogénation et ouverture sélective du naphtalène et indice de cétane (IC) correspondant [6].

Dans ce procédé, il s'agit d'obtenir des chaînes alcanes les moins ramifiées possibles et possédant le même nombre d'atomes de carbone que les hydrocarbures de départ. En théorie, l'OSC conduit à un IC très élevé après décyclisation complète, mais en pratique, elle est souvent limitée à l'ouverture d'un seul cycle (dans les cas des molécules bicycliques), ce qui, dans le cas d'une ouverture non sélective, peut conduire à une perte d'IC. Par exemple, la formation de chaînes ramifiées est nuisible [7].

L'ouverture peut se faire par hydrogénolyse sur métal et/ou par craquage protolytique sur un support possédant une acidité de Brönsted (Figure I-3). Ces deux voies, métallique et acide, ont été largement explorées, en optimisant soit les propriétés acides, soit les propriétés métalliques. De nombreuses études sur l'OSC ont employé des catalyseurs bifonctionnels Pt-zéolithe, le platine permettant l'hydrogénation et le support acide la coupure des liaisons C-C. Mais l'utilisation de zéolithes (exemple : HY) [8-15] conduit à la formation de produits très ramifiés possédant un IC faible et à un taux de craquage important, qui se traduit par la formation de produits légers et une désactivation du catalyseur. En fait, la chimie de l'OSC se réfère à plusieurs voies catalytiques combinées et nécessite un équilibre entre fonctions acide et métallique afin d'atteindre des performances optimales, il s'agit de reduire le nombre de cycles tout en conservant le nombre d'atomes de carbone de la molécule du réactif [16]. De plus, cette acidité moyenne favorise la contraction de cycles à 6 carbones (cC$_6$) en cC$_5$, ce qui peut faciliter l'hydrogénolyse de la liaison C-C sur les sites métalliques.

Un paramètre supplémentaire qui doit être examiné est la thiorésistance, qui représente la résistance du catalyseur à la présence du soufre dans la charge. Dans le procédé à deux étapes, les métaux nobles peuvent être utilisés dès que la pression de H$_2$S est considérablement diminuée entre les deux réacteurs. Ainsi, la conception d'un catalyseur optimal devrait maximiser la résistance à H$_2$S résiduel (de 10 à 250 ppm, en fonction des paramètres de fonctionnement de la procédure en deux étapes et les performances obtenues dans le premier réacteur HDS). Nous sommes donc souvent en présence d'une catalyse bifonctionnelle qui devra prendre aussi en compte les molécules soufrées dans l'atmosphère réactionnelle.

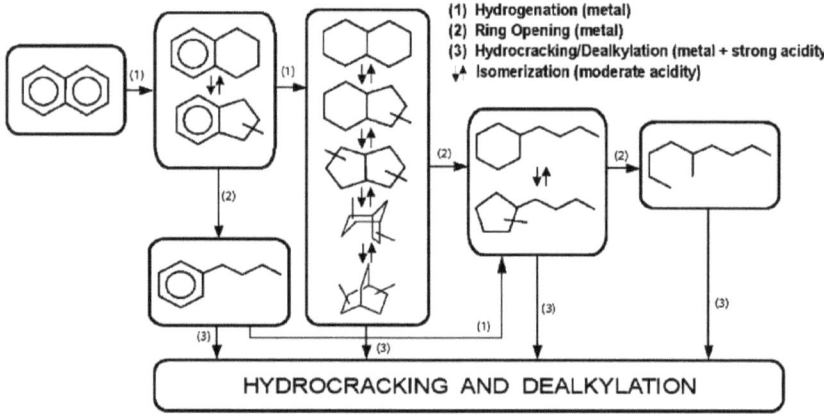

Figure I-3 : Conversion des aromatiques bicycliques par catalyse bifonctionnelle métal-acide [17].

I.2. Réactivité des métaux supportés

Les métaux nobles se sont montrés très prometteurs en hydrotraitement grâce à leurs propriétés hydrogénantes et hydrogénolysantes, mais ils sont très sensibles à l'empoisonnement, par le soufre en particulier.

I.2.1. Hydrogénation des aromatiques

Il existe de nombreuses études des propriétés hydrogénantes des métaux du groupe VIII [18-20]. La plupart des auteurs sont en accord avec la classification suivante des métaux vis-à-vis de leur réactivité en hydrogénation de monoaromatiques :
Pt > Rh > Ru > Pd > Co > Ni > Fe

En ce qui concerne les polyaromatiques, les réactions d'hydrogénation sont en général limitées par la thermodynamique dans les conditions opératoires de l'hydrotraitement. A haute pression l'équilibre thermodynamique favorise les composés saturés, tandis qu'à haute température l'équilibre tend vers les composés aromatiques [21].

Les réactions d'hydrogénation sur les métaux supportés, contrairement aux réactions d'hydrogénolyse, sont des réactions insensibles ou peu sensibles à la structure car leur activité ne dépend que de la fraction métallique exposée et non de la nature du site (nombre de coordination, plan cristallographique, etc.).

I.2.2. Hydrogénolyse des naphtènes

Ce terme désigne la capacité des métaux à couper une liaison C-C en présence d'hydrogène. Concernant les cycles, la majeure partie des études porte sur l'hydrogénolyse de naphtènes (cycles saturés) légers (cyclopentane, alkylcyclopentane). Une littérature abondante a montré que l'ouverture du cycle du methylcyclopentane en un mélange d'isomères d'alcanes en C_6 pouvait s'accomplir avec plusieurs métaux et alliages du groupe VIII supportés [22-26].

L'hydrogénolyse des alkylnaphtènes peut se produire par la cassure d'une liaison C-C endocyclique ou exocyclique. La simple rupture d'une liaison C-C endocyclique d'un naphtène avec un seul cycle alkylsubstitué conduit à la formation d'un alcane avec le même nombre de carbones. Par exemple, on obtient la formation du n-décane par l'ouverture sélective (i.e., coupure au niveau du carbone substitué) du pentylcyclopentane.

En revanche, la rupture d'une liaison C-C exocyclique, se traduisant par la perte de tout ou partie d'un substituant alkyl, conduit à l'obtention de deux molécules de masse plus faible.

Sinfelt évoque la forte influence de la taille des particules sur l'activité catalytique en hydrogénolyse de la liaison C-C [27]. Pour les très petites particules, les atomes d'arête et de coin constituent une fraction importante du nombre total d'atomes de surface. Ces atomes ont des nombres de coordination inférieurs à ceux des autres atomes. Cela peut modifier les propriétés chimisorptives du métal vis-à-vis des réactifs et/ou des produits et donc modifier sa réactivité.

L'hydrogénolyse est une réaction sensible à la structure car les différentes faces cristallines des métaux n'ont pas les mêmes activité et sélectivité. L'étude sur Pt(100) et Pt(111) de l'hydrogénolyse du butane [28] a montré que la surface Pt(100) était plus active. Elle possède plus de défauts de surface et donc plus de sites insaturés. Cette surface possède une faculté à lier l'hydrogène beaucoup plus grande et facilite donc l'hydrogénolyse des hydrocarbures adsorbés. La sélectivité est également sensible à la morphologie.

L'influence du support n'est par ailleurs pas négligeable. Les particules métalliques sont en interaction plus ou moins forte avec le support selon sa nature, créant des modifications locales plus ou moins importantes du réseau du métal. La distribution des faces cristallines peut également dépendre du support. Il se peut aussi que l'interface métal-support soit le site catalytique. Plusieurs travaux sur des mononaphtènes ont combiné l'iridium avec des supports modérément acides (catalyseurs bifonctionnels) pour tirer parti des propriétés hydrogénolysantes du métal et de l'effet positif de ces supports sur l'isomérisation, l'ouverture et la thiorésistance [29- 35].

I.2.3. Thiorésistance

I.2.3.1. Empoisonnement par le soufre

Les métaux supportés sont très actifs dans de nombreuses réactions mais sont très sensibles à la présence de soufre dans la charge. Une compétition s'installe entre la molécule soufrée et le réactif pour interagir avec le métal. Les composés soufrés s'adsorbent très fortement et de façon dissociative à la surface du métal, ce qui aboutit à la formation d'un sulfure de surface. Les sites actifs de surface deviennent alors inaccessibles à cause du blocage géométrique par le soufre. Par ailleurs, on observe un changement de l'activité catalytique et de la sélectivité dû à un changement de la structure de la surface du catalyseur, expliqué par des effets électroniques [36, 37]. Le soufre peut aussi avoir des interactions directes avec les molécules adsorbées.

Le soufre influence également la sélectivité puisqu'en présence de soufre, par exemple l'hydrogénolyse du n-hexane est défavorisée par rapport à l'isomérisation et l'aromatisation [38].

La température a une influence importante sur le processus d'empoisonnement par le soufre et en particulier sur la formation des sulfures. Ainsi une température de 500 °C conduit à des sulfures stables et irréversibles et un traitement par l'hydrogène ne permet pas la régénération [39]. A faible température, la toxicité des composés soufrés pour le catalyseur augmente avec la taille des molécules, ce qui s'explique par l'encombrement stérique. A plus haute température, il y a décomposition de ces molécules en chaînes carbonées et en soufre à la surface du métal [40].

Lors de l'hydrogénation de la tétraline, la présence de soufre affaiblit la liaison Pt-H et provoque la chute de l'activité catalytique. La désactivation est réversible mais la réactivation est d'autant plus difficile que l'empoisonnement est sévère [41]. La formation de Pt-S fait décroître la densité électronique du platine. Un traitement sous hydrogène permet au platine de retrouver ses propriétés électroniques. Mais si l'empoisonnement est trop sévère, il y a frittage des particules. Si la réactivation sous hydrogène permet d'éliminer H_2S, elle ne permet pas de redisperser le métal [42].

I.2.3.2. Amélioration de la thiorésistance

- Nature du support

L'acidité du support semble avoir une forte influence sur la thiorésistance. De nombreuses études ont été réalisées sur différents supports acides comme : HY, USY, LTL, FAU [43-49], mordénites [46, 50], $Al_2O_3-B_2O_3$ [51], boroaluminate [52], MCM-41 [53, 54], zéolithes ß [55]. Le dépôt de petites particules de platine ou palladium sur ce type de support leur permet de résister à des teneurs en soufre de plusieurs centaines de ppm. L'ajout d'un dopant, comme Cl, permet d'améliorer cette acidité et par ce biais, d'augmenter la thiorésistance.

Le support peut aussi influencer la géométrie des particules. La désactivation par le soufre des particules de Pd est quatre fois plus rapide sur la silice que sur l'alumine. Suivant le support, les particules n'ont pas la même géométrie et un changement de coordinence, et donc de réactivité vis-à-vis du soufre, est observé [56].

- Effet de la taille des particules

La taille des particules a un effet moindre que l'acidité du support [57] et son influence dépend du métal. Del Angel et coll. [56] ont montré, pour l'hydrogénation du benzène empoisonné par du thiophène sur des catalyseurs au rhodium de dispersion variable, que les petites particules résistaient beaucoup mieux à l'empoisonnement par le soufre, mais rien de tel n'est observé pour le palladium. De même, l'iridium est plus sensible que le platine [58].

En effet, lorsque la taille des particules diminue, il apparaît un caractère déficitaire en électrons sur la surface et l'adsorption d'un élément accepteur comme le soufre est alors moins favorisée [53,58].

- Effet d'alliage

Des travaux ont montré que l'ajout d'un second métal permettait d'améliorer fortement la résistance au soufre, notamment l'ajout d'iridium [58, 59] ou palladium [60-63] à proximité du platine. De nombreux auteurs suggèrent un échange électronique entre les deux métaux qui affaiblit la densité électronique du métal. Celui-ci devient plus thiorésistant car le soufre accepteur d'électrons s'adsorbe alors plus difficilement [60, 64-66]. D'autres, enfin, ne voient aucun effet de synergie ni aucune amélioration de la thiorésistance liés à la présence des deux métaux [67-69].

En conclusion, on pourra donc améliorer la résistance au soufre des catalyseurs en jouant sur l'acidité du support, la nature du métal et sa dispersion, voire l'ajout d'un second métal.

I.3. Ouverture sélective des composés monocycliques sur métaux

I.3.1. Activité et sélectivité

De nombreuses études se sont intéressées à l'hydrogénolyse de naphtènes simples, du type cyclopentane ou alkylcyclopentane. Il a notamment été montré que l'ouverture du méthylcyclopentane en un mélange d'alcanes en C_6 était réalisable sur de nombreux métaux supportés [17, 25, 26, 70-72]. L'activité et la sélectivité dépendent de la nature du métal et de la structure du catalyseur (taille des particules, morphologie, etc.). Ainsi l'alkylcyclopentane et l'alkylcyclobutane ont été utilisés comme molécules sondes afin de caractériser les différents types de catalyseurs.

Gault et coll. [73] ont étudié l'hydrogénolyse de l'alkylcyclopentane sur des catalyseurs à base de Pt. La réaction conduit à l'obtention de n-hexane (n-H), 2-méthylpentane (2MP) et 3-méthylpentane (3MP). La distribution des produits dépend des propriétés structurales du métal. Sur des catalyseurs à base de Pt supporté possédant des particules de petite taille, l'ouverture du MCP est non sélective (la rupture de la liaison C-C endocyclique est statistique, produisant 2MP, 3MP et n-H dans un rapport de 2MP: 3MP: n-H = 40: 20: 40 %) (figure I-4), alors qu'un mécanisme sélectif est mis en évidence avec des grosses particules, qui conduit exclusivement au 2MP et au 3MP. Cette capacité à ouvrir les cycles sélectivement semble propre à Pt car Pd est inactif en décyclisation et Ni réalise une hydrogénolyse profonde (apparition de tous les alcanes).

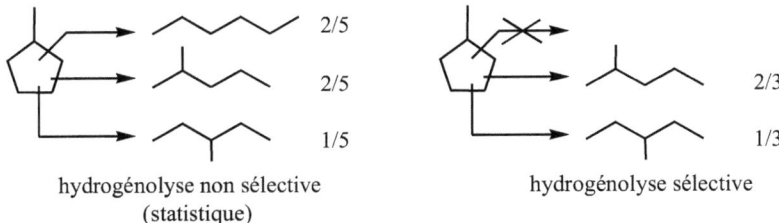

Figure I-4 : Mécanismes sélectif et non sélectif pour l'ouverture du méthylcyclopentane.

Gault et coll. ont aussi constaté que l'augmentation du nombre de substituants sur le cycle avait un effet négatif sur l'hydrogénolyse du cyclopentane sur Pt. Cette observation a été confirmée par McVicker et coll. [17] lors de la conversion de l'éthylcyclopentane, du 1,1-diméthylcyclopentane et du 1,2-diméthylcyclopentane sur des catalyseurs Pt/SiO$_2$ et Ir/Al$_2$O$_3$.

Van Senden et coll. [74] se sont intéressés à l'hydrogénolyse du méthylcyclopentane sur des catalyseurs à base d'iridium. Leur conclusion est que la structure de la phase métallique n'a pas d'influence sur l'hydrogénolyse du méthylcyclopentane. La décyclisation est toujours réalisée de manière sélective, quelle que soit la taille des particules.

McVicker et coll. [17] ont étudié l'hydrogénolyse du méthylcyclopentane et du n-pentylcyclopentane sur Pt/Al$_2$O$_3$ et Ir/Al$_2$O$_3$. La distribution des produits d'ouverture montre un mécanisme non sélectif pour les deux molécules sur les catalyseurs au Pt. Il y a alors rupture d'une liaison endocyclique de manière statistique. Dans le cas de l'hydrogénolyse du n-pentylcyclopentane sur Pt, ils constatent une sélectivité importante en n-décane, qui traduit une préférence du Pt pour une rupture de liaison au niveau du carbone tertiaire. Pour les catalyseurs à base d'iridium, la distribution des produits indique un mécanisme sélectif (non statistique) se traduisant par une quantité négligeable de n-hexane dans le cas du méthylcyclopentane et de n-décane pour le n-pentylcyclopentane.

La réactivité du méthylcyclohexane est plus faible que celle du méthylcyclopentane sur tous les métaux. McVicker et coll. [17] ont montré que dans les mêmes conditions de pression partielle d'hydrogène et de débit, un catalyseur 0.9 *wt.* % Ir/Al_2O_3 convertit à 250 °C 52% de méthylcyclopentane avec une sélectivité de 99% en produits d'ouverture alors qu'il ne convertit à 275 °C que 14% de méthylcyclohexane avec 87% de produits d'ouverture. Dans une étude antérieure, Miki et coll. [75] ont obtenu des résultats similaires en réalisant l'hydrogénolyse de ces deux composés sur un catalyseur à base de 30 *wt.* % NiO supporté sur de l'alumine. Ils ont donc conclu que l'isomérisation préalable du cyclohexane en méthylcyclopentane était nécessaire.

En conclusion, l'activité et la sélectivité de décyclisation dépend de nombreux paramètres : nombre de substituants, taille du cycle, nature du métal, taille des particules, etc.

I.3.2. Mécanismes proposés

Afin d'expliquer la réaction d'ouverture de cycle sur les métaux, deux principaux mécanismes ont été proposés dans la littérature : le « mécanisme multiplet » et le « mécanisme dicarbène » [16]. La principale différence entre ces deux mécanismes réside dans la formation de l'intermédiaire réactionnel à la surface du métal.

Dans le « mécanisme multiplet », les hydrocarbures cycliques sont physiquement adsorbés à la surface du métal et deux mécanismes distincts peuvent alors avoir lieu. Le mécanisme « doublet », dans lequel la molécule est adsorbée perpendiculairement sur deux atomes métalliques et le mécanisme « sextet-doublet » pour lequel la molécule est adsorbée parallèlement à la surface du métal. Le mécanisme « doublet » a probablement lieu sur les petites particules de métal et peut expliquer l'hydrogénolyse sélective des liaisons entre deux atomes de carbone secondaires. Ce type de liaison réagit ensuite avec l'hydrogène chimisorbé par un processus « push-pull » qui conduit à la formation du produit d'ouverture. A cause de l'encombrement stérique, l'adsorption de liaisons C-C tertiaire-secondaire ou tertiaire-tertiaire est défavorisée. D'autre part, pour le mécanisme « sextet-doublet », la molécule est adsorbée parallèlement à la surface du métal avec les atomes de carbone se trouvant dans les interstices du plan métallique. Pour les cyclopentanes cette adsorption induit un étirement d'une des liaisons C-C (figure I-5). Cette liaison est ensuite attaquée par l'hydrogène adsorbé, ce qui conduit à la formation du produit d'ouverture. Les liaisons C-C tertiaire-secondaire dans les alkylcyclopentanes peuvent également être rompues via ce mode d'adsorption. Dans les cyclohexanes, les six atomes de carbone peuvent se situer dans les interstices du plan métallique et aucun étirement de liaison n'a lieu. Ce mécanisme peut ainsi expliquer que la réaction d'hydrogénolyse soit peu observée pour ce type de composés cycliques.

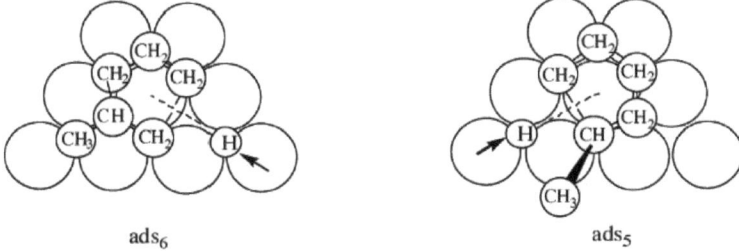

Figure I-5 : Hydrogénolyse du méthylcyclopentane via le mécanisme « multiplet » [16].

Dans le mécanisme « dicarbène », les hydrocarbures cycliques sont chimisorbés à la surface du métal après la rupture de plusieurs liaisons C-H (déshydrogénation), et formation d'oléfines π-adsorbées. Le mécanisme dans lequel interviennent les oléfines π-adsorbées permet d'expliquer l'hydrogénolyse non sélective. Comme pour le mécanisme « multiplet », le méthylcyclopentane est adsorbé de façon parallèle à la surface du métal mais cette adsorption ne met en jeu qu'un seul atome métallique (figure I-6).

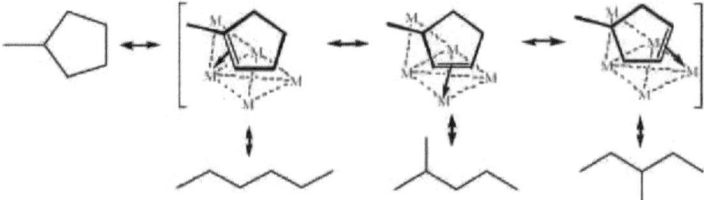

Figure I-6 : Ouverture sélective et non sélective du méthyl cyclopentane via le mécanisme « dicarbène » [16].

L'ouverture sélective du méthylcyclopentane fait quant à elle intervenir des complexes 1,2-dicarbène liés perpendiculairement à plusieurs atomes métalliques. Dans ce cas, l'encombrement stérique explique l'inhibition de la rupture de liaisons C-C tertiaire-secondaire. Par ailleurs, dans certains cas, un groupement alkyl exocyclique peut participer à la formation d'un intermédiaire metallocyclobutane conduisant ainsi à la rupture sélective d'une liaison C-C tertiaire-tertiaire ou tertiaire-secondaire (figure I-7).

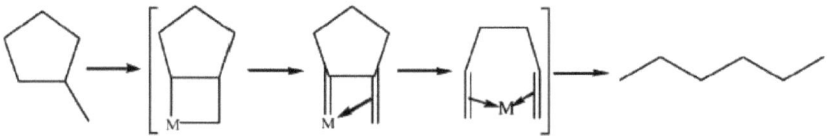

Figure I-7 : Ouverture sélective du méthylcyclopentane via le mécanisme dicarbène [16].

Les mécanismes proposés dans la littérature permettent donc d'expliquer les différentes observations faites lors de l'étude des activités et sélectivités en ouverture des naphtènes simples. L'ouverture des composés polycycliques sur métaux est plus difficile et requiert des catalyseurs acides [17].

I.4. Catalyse acide et catalyse bifonctionnelle en ouverture de cycle : généralités

I.4.1. Contraction et ouverture des cycles sur catalyseurs solides acides

L'ouverture sélective des naphtènes avec un minimum de craquage des chaînes alkyles est très complexe et représente un défi pour les chercheurs en catalyse d'hydrotraitement. Il est bien connu que l'ouverture des cycles peut être favorisée sur des sites acides, notamment les sites de Brönsted, via des intermédiaires carbénium [76]. La réaction est initiée par un craquage protolytique, accompagnée par une déshydrogénation protolytique, un transfert d'hydrure, une isomérisation, une β-scission et une alkylation, comme dans le cas du craquage des aliphatiques sur des catalyseurs acides. Ce dernier mécanisme a été largement étudié [77]. La réaction globale est dominée par l'isomérisation et l'hydrocraquage ultérieur (β-scission) des chaînes latérales des hydrocarbures cycliques, en particulier de ceux ayant des substituants avec plus de cinq atomes de carbone, conduisant à une désalkylation importante du cycle (plus de détails sur le mécanisme dans la section I.5.). Sur les catalyseurs acides tels que les zéolithes, les rendements en produits d'ouverture qui possèdent un indice de cétane élevé sont généralement faibles en raison des réactions de craquage importantes et d'une désactivation rapide du catalyseur [8].

I.4.2. Contraction et ouverture des cycles sur catalyseurs bifonctionnels

A partir des années 1950, les catalyseurs bifonctionnels constitués de particules de métal très dispersées (pour l'hydrogénation ou la déshydrogénation) et d'un support acide (pour le craquage ou l'isomérisation) ont été introduits dans les processus de raffinage, tels que le reformage catalytique de naphta, l'hydrotraitement, l'hydrocraquage et l'hydroisomérisation [78]. Les premières études par Mills et coll. [79] et par Weisz et Swegler [80] ont décrit les réactions sur des catalyseurs bifonctionnels qui possèdent deux sites catalytiques distincts : les réactifs (cyclohexane dans cet exemple) sont d'abord convertis en oléfines sur les sites métalliques, via une déshydrogénation (figure I-8, Eq. (1)), puis les oléfines formées sont protonées sur des sites acides conduisant à la formation d'ions carbénium, qui subissent par la suite une isomérisation (figure I-8, Eq. (2)), un craquage ou une alkylation. Les produits sont finalement désorbés des sites acides sous forme d'oléfines, qui sont hydrogénées sur les sites métalliques en présence d'hydrogène (figure I-8, Eq. (3)) et ensuite hydrogénolysées sur le métal après contraction.

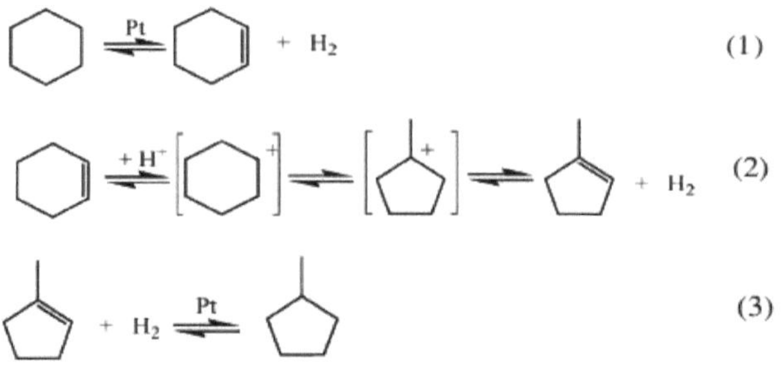

Figure I-8 : (1) Déshydrogénation sur métal, (2) contraction du cycle sur support et (3) d'hydrogénation sur métal sur des catalyseurs bifonctionnels.

Il a ensuite été reconnu que les réactions pouvaient également survenir sur un seul site, grâce à la diffusion de l'hydrogène du métal vers le support (*hydrogen spillover*) [81]. Le métal favorise l'activation de l'hydrogène, qui migre vers les sites acides et sature les intermédiaires carbénium. En d'autres termes, les supports acides peuvent non seulement initier la formation d'ions carbénium par protonations, mais aussi promouvoir l'hydrogénation des ions carbénium par les ions hydrures et leur désorption sous forme des produits saturés. En outre, l'ouverture du cycle naphténique peut également avoir lieu sur les sites de certains métaux par hydrogénolyse directe d'une liaison C-C endocyclique [76], comme on l'a vu en section 1.3.

Globalement, l'activité et la sélectivité en ouverture de cycle sur des catalyseurs bifonctionnels sont fortement dépendantes des paramètres que sont le type de métal, la taille des particules métalliques, l'acidité du support, la taille des pores du support, le ratio entre sites métalliques et sites acides, et les conditions de réaction telles que la température, la pression d'hydrogène, etc. Cela a fourni la possibilité de concevoir des catalyseurs très sélectifs en ouverture des composés naphténiques présents dans les carburants sans présence d'une désalkylation significative.

I.5. Ouverture sélective des composés bicycliques : cas de la décaline et de la tétraline

Comparée aux nombreuses études consacrées aux composés monocycliques en C_5 ou C_6, la littérature concernant l'ouverture sélective de composés polycycliques reste peu abondante. Récemment, des molécules modèles telles que la tétraline ou la décaline ont été utilisées afin d'étudier l'amélioration de coupes lourdes. Contrairement aux alkylcyclopentanes qui sont aisément ouverts par hydrogénolyse sur des métaux nobles, les composés comportant plusieurs cycles en C_6 nécessitent l'intervention d'une fonction acide pour favoriser les réactions d'isomérisation qui conduisent à l'obtention de cycles en C_5 plus réactifs. Les réactions d'ouverture des cycles sont complexes, souvent accompagnées d'hydrogénation, de déshydrogénation, d'alkylation, d'isomérisation et de craquage.

I.5.1. Décaline

Des auteurs se sont intéressés à la décyclisation des naphtènes en partant de la molécule hydrogénée, la décaline.

I.5.1.1. Transformation par catalyse acide

Corma et coll. [10] ont étudié la conversion de la décaline sur des catalyseurs acides (USY, UTD-1, ITQ-2, MCM-22 et ZSM-5) à 450 °C et pression atmosphérique. L'analyse des produits montre, en quantité importante, la présence de nombreuses molécules gazeuses, de C_6 naphténiques (principalement méthylcyclopentane) et d'aromatiques en C_{10} (butylbenzènes). Ils constatent la production d'une faible quantité de tétraline et de naphtalène, qui indique que la déshydrogénation directe par transfert d'hydrure est négligeable. Corma et coll. proposent un schéma regroupant les différentes possibilités de réactions observées lors du craquage de la décaline sur des catalyseurs acides (figure I-9).

Figure I-9 : Mécanisme réactionnel proposé pour l'ouverture de la décaline par catalyse acide (β = β-scission, I = isomérisation, DS = désorption, PC = craquage protolytique, HT = transfert d'hydrogène, TA = transfert d'alkyl, HeT = transfert d'hydrure) [10].

La réaction serait initiée par l'attaque d'un site de Brönsted sur une liaison C-C de la décaline pour former un ion alkylnaphtène carbénium qui peut ensuite subir des réactions de β-scission et d'isomèrisation pour former des naphtènes plus légers ou des molécules gazeuses. Par ailleurs, des réactions bimoléculaires telles que des transferts d'hydrure ou des transalkylations peuvent conduire à l'obtention de nombreux composés. Un schéma résumant les différents mécanismes réactionnels mis en jeu a été proposé pour le craquage de la décaline (figure I-9).

Les composés aromatiques sont formés par un mécanisme bimoléculaire impliquant des transferts d'hydrogène et des transferts d'hydrure. La formation d'aromatiques ayant un nombre d'atomes de carbone supérieur à celui de la charge peut se faire par transalkylation et craquage. L'apparition de composés en C_9 est également possible par un mécanisme bimoléculaire.

Kubicka et coll [8] se sont également intéressés à l'ouverture de la décaline sur des zéolithes. Les nombreux produits observés (~200) ont été groupés en différentes familles. Les C_{10} bicycliques autres que la décaline sont nommés isomères alors que les C_{10} monocycliques (alkylcyclohexanes et cyclopentanes) sont regroupés sous le terme de produits d'ouverture de cycle. Tous les produits présentant une masse molaire inférieure à celle de la décaline sont rassemblés sous le terme de produits de craquage alors que les composés possédant plus de dix carbones et les aromatiques en C_{10} sont considérés comme des produits lourds. Dans des conditions optimales de réaction (2 MPa, 280 °C, 90% de conversion), les sélectivités en ouverture de cycle (C_{10}) et en craquage (<C_{10}) représentent 10% et 18%, respectivement.

Les travaux sur le craquage acide de la décaline mettent en évidence la difficulté à réaliser une décyclisation sélective. Le problème vient du nombre élevé de réactions intervenant (transfert d'hydrure, isomérisation, β-scission, alkylation etc). Le craquage de la décaline conduit à toutes les familles de composés (alcanes, alcènes, aromatiques).

I.5.1.2. Transformation par catalyse bifonctionnelle

L'introduction de métaux nobles dans des zéolithes réduit la force des acides de Brönsted, et accroit l'isomérisation et l'ouverture de la décaline d'une manière significative

[9, 13] tandis que le craquage est réduit. L'isomérisation se produit sur des sites acides de Brönsted, comme indiqué dans la figure I-10. En l'absence des sites de Brönsted, ni l'isomérisation, ni l'ouverture de cycle ne se produisent.

De plus, les distributions des produits d'ouverture des cycles sur Pt/zéolithes sont différentes de celles obtenues sur H-zéolithes. Les sélectivités en produits d'ouverture de cycle (C_{10}) obtenues dans des conditions similaires (2 MPa, 270-260 °C, 80-98 % de conversion) sont de 27% sur Pt/zéolithes et 8% sur H-zéolithes. En revanche, la sélectivité en produits de craquage ($C_{<10}$) reste élevée sur Pt/zéolithes (33%) par rapport aux H-zéolithes (8%). D'après les auteurs, la présence de Pt permet la déshydrogénation de la décaline en oléfine lors de l'étape d'initiation. Cette oléfine est ensuite protonée par l'attaque d'un site acide de Brönsted et conduit à un ion dinaphtène carbénium qui peut ensuite subir les mêmes réactions que celles décrites dans le paragraphe précédent concernant l'ouverture de décaline par catalyse acide. De plus, Pt permettrait aussi d'hydrogéner l'oléfine formée lors de la restauration du site acide de Brönsted. Enfin, l'ouverture directe des isomères de la décaline est également possible par hydrogénolyse sur les sites métalliques.

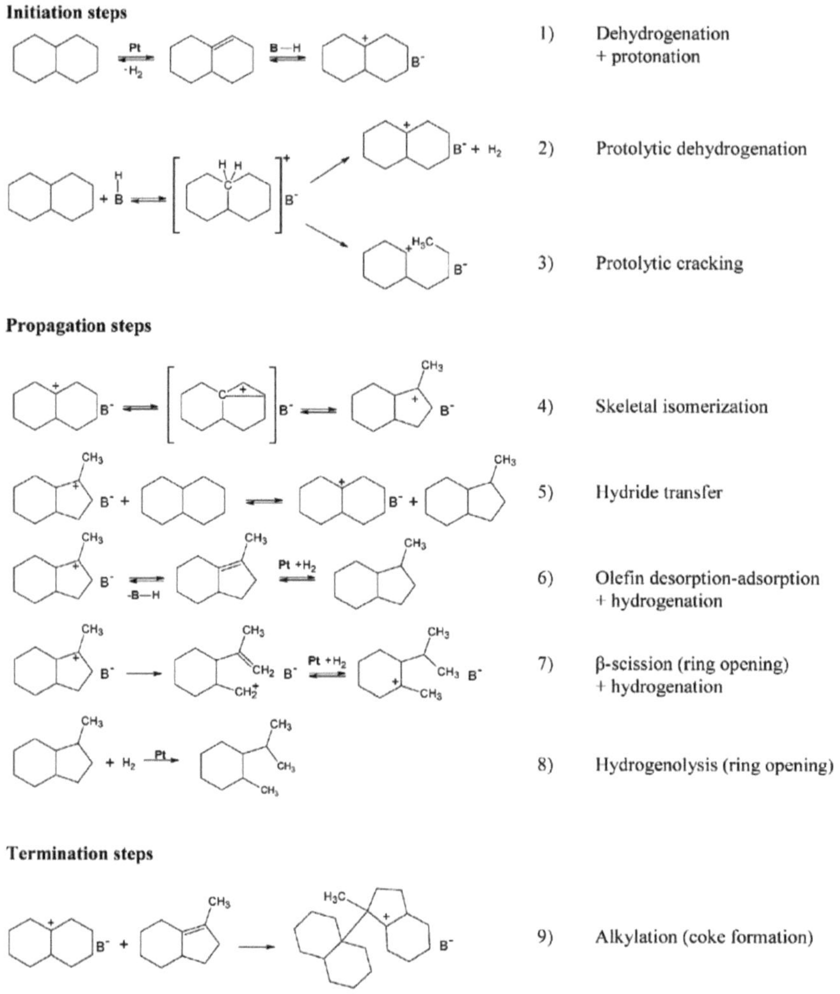

Initiation steps

1) Dehydrogenation + protonation

2) Protolytic dehydrogenation

3) Protolytic cracking

Propagation steps

4) Skeletal isomerization

5) Hydride transfer

6) Olefin desorption-adsorption + hydrogenation

7) β-scission (ring opening) + hydrogenation

8) Hydrogenolysis (ring opening)

Termination steps

9) Alkylation (coke formation)

Figure I-10 : Mécanisme réactionnel proposé pour l'ouverture de la décaline par catalyse bifonctionnelle [9].

I.5.2. Tétraline

I.5.2.1. Transformation par catalyse acide

L'ouverture de la tétraline sur des catalyseurs acides produit principalement des composés légers entre C_1 et C_4, du benzène et des composés oléfiniques ou aromatiques en C_{10}. Dans la littérature, il est rapporté que deux mécanismes interviennent dans la conversion de la tétraline [82]. Un mécanisme bimoléculaire (transalkylation) responsable de la formation de composés plus lourds que la charge comme la phénylbutyl tétraline et un mécanisme monomoléculaire. La proportion des composés lourds peut être négligeable sous certaines conditions de réaction et à haute température. Le mécanisme monomoléculaire devient alors majoritaire et conduit à l'ouverture du cycle naphténique [83, 84] ou aromatique [85] en présence d'un site acide de Brönsted. L'ion carbénium intermédiaire conduit par β-scission à des produits de craquage et à la formation d'alkyl-benzène. Dans d'autres cas, il peut y avoir une réaction d'isomérisation, responsable de la contraction d'un cycle, et ainsi la formation de méthylindanes et de méthylindènes. Par ailleurs, des réactions de transfert d'hydrure entre la tétraline et les ions carbénium adsorbés sont à l'origine de la formation du naphtalène. Les principales étapes de ces mécanismes sont résumées dans la figure I-11.

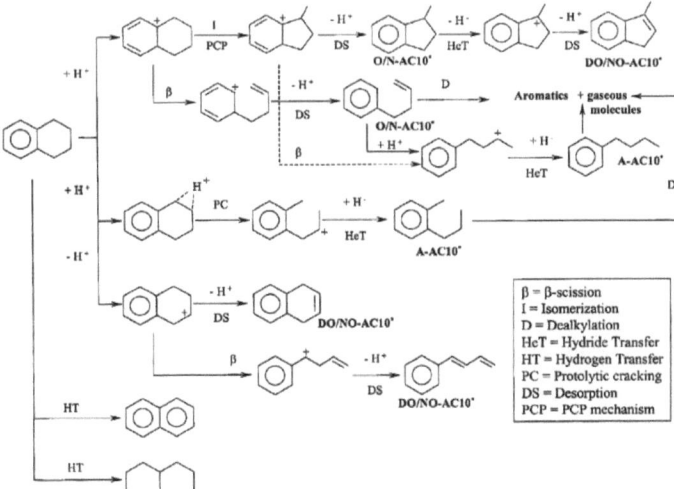

Figure I-11 : Mécanisme réactionnel proposé pour l'ouverture de la tétraline par catalyse acide[10].

Les résultats obtenus par Corma et coll. [10] indiquent qu'un bon catalyseur pour la décyclisation des naphtènes doit posséder de larges pores. Ces auteurs affirment qu'une zéolithe à larges pores (β ou USY) permettrait l'ouverture des cycles naphténiques tout en minimisant la désalkylation des alkylaromatiques formés.

I.5.2.2. Transformation par catalyse bifonctionnelle

Sur les catalyseurs bifonctionnels métal/oxyde, l'ouverture de la tétraline aurait lieu principalement sur les sites acides de Brönsted, tandis que les sites métalliques réaliseraient l'hydrogénation de la tétraline en décaline et permettraient la contraction des cycles, facilitant l'ouverture du cycle, comme déjà mentionné. Sur les catalyseurs à base de métaux nobles supportés, la principale réaction observée est l'hydrogénation de la tétraline en décaline, surtout à faible température [6, 11, 13, 42, 43, 65, 86].

Les plus souvent, des schémas très simplifiés ont été proposés pour l'ouverture de la tétraline (ex. figure I-12) [11, 12, 17].

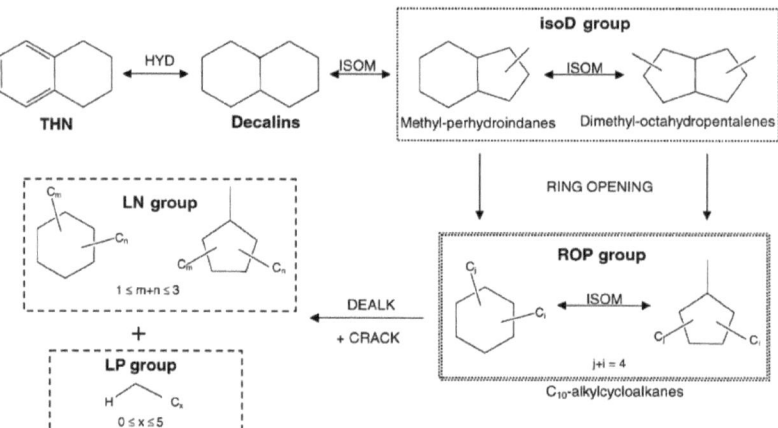

Figure I-12 : Schéma réactionnel simplifié proposé pour l'ouverture de la tétraline par catalyse bifonctionnelle (THN : tétraline, LN : naphtènes légers, LP : produits légers, isoD : isomères de la décaline, ROP : produits d'ouverture de cycle, HYD : hydrogénation, ISOM : isomérisation, DEALK : désalkylation, CRACK : craquage) [11].

Dans ces schémas, la contraction des cycles a été généralement considérée comme une condition préalable à l'ouverture des cycles, comme dans le cas de la décaline [8]. En outre, les travaux sur Pt-zéolithes ont montré que durant la conversion de la tétraline, la décaline est le seul produit primaire, qui joue le rôle d'intermédiaire vers les produits de contraction et d'ouverture des cycles [11-13].

Par exemple, Jiménez-López et coll. ont étudié l'hydroconversion de la tétraline sur divers métaux (Co, Ir, Pt, Pd, Rh, Ru et Os et certaines combinaisons) supportés sur de la silice mésoporeuse dopée avec Zr [87-89]. Ils ont obtenu, sur Ru et/ou Os, près de plus de 70 composés, dont 50-60% de C_7-C_{10} considérés comme produits d'ouverture et d'isomérisation (qui n'ont pas été distingués), accompagnés d'une quantité importante de composés volatils (C_1-C_6) [88]. Ces catalyseurs sont désactivés progressivement en présence de dibenzothiophène. Récemment, des solides à base de PdRh déposés sur de la silice-alumine mésoporeuse ont été évalués dans des conditions similaires [90]. Environ 60% de produits à "masse moléculaire élevée" (selon les termes des auteurs) sont obtenus (à 350 °C et à haut taux de conversion de la tétraline), mais la fraction de produits d'ouverture à dix carbones n'est pas mentionnée. Toutefois, des tests catalytiques dans des conditions industrielles ont été faits afin de traiter une huile industrielle hydrogénée (*light cycle oil*) contenant moins de 50 ppm de soufre (en masse). Ces tests ont montré que l'un de ces catalyseurs PdRh était plus efficace qu'un catalyseur d'hydrotraitement de référence de type CoMo et conduisait à une amélioration de 7 points de l'indice de cétane à 280-300 °C [90].

Dans le chapitre V, nous discuterons d'autres travaux, issus de la littérature, qui séparent produits d'ouverture et produits de contraction. Nous verrons que, dans des conditions pour lesquelles le taux de craquage est faible, la sélectivité en ouverture de la tétraline est toujours modeste. L'évolution récente des recherches vers des catalyseurs bifonctionnels à acidité modérée est donc prometteuse, mais la sélectivité et la thiorésistance des catalyseurs restent à améliorer.

Références

[1] H. Topsoe, B.S Clausen, F.E Massoth, *Hydrotreating Catalysis,* Ed. J.R. Anderson, **1996**.

[2] M.C.H. Lim, G.A. Ayoko, L. Morawska, Z.D. Ristovski, E.R. Jayaratne, *Fuel* **2007**, *86*, 1831.

[3] Y. Içingür, D. Altiparmak, *Energy Conversion and Management* **2003**, *44*, 389.

[4] G.B. McVicker, J. Schorfheide, US patent 6103106, **2000**, assigned to Exxon Research Engineering Co.

[5] B.L.J. Xu Feng, WO patent 2007041605, **2007,** assigned to UOP LLC.

[6] M.A. Arribas, A. Corma, M.J. Diaz-Cabanas, A. Martinez, *Appl. Cata. A : General* **2004**, *273*, 277.

[7] R.C. Santana, P.T. Do, M. Santikunaporn, W.E. Alvarez, J.D. Taylor, E.L. Sughrue, D.E. Resasco, *Fuel* **2006**, *85* ,643.

[8] D. Kubicka, N. Kumar, P. Mäki-Arvela, M. Tiitta, V. Niemi, T. Salmi, D.Y. Murzin, *J. Catal.* **2004**, *222*, 65.

[9] D. Kubicka, N. Kumar, P. Mäki-Arvela, M. Tiitta, V. Niemi, H. Karhu, T. Salmi, D.Y. Murzin, *J. Catal.* **2004**, *227*, 313.

[10] A. Corma, V. González-Alfaro, A.V. Orchillés, *J. Catal.* **2001**, *200*, 34.

[11] M.A. Arribas, P. Conceptión, A. Martínez, *Appl. Catal. A* **2004**, *267*, 111.

[12] M.A. Arribas, A. Corma, M.J. Díaz-Cabañas, A. Martínez, *Appl. Catal. A* **2004**, *273*, 277.

[13] M. Santikunaporn, J.E. Herrera, S. Jongpatiwut, D.E. Resasco, W.E. Alvarez, E.L. Sughrue, *J. Catal.* **2004**, *228*, 100.

[14] H. Ma, X. Yang, G. Wen, G. Tian, L. Wang, Y. Xu, B. Wang, Z. Tian, L. Lin, *Catal. Lett.* **2007**, *116*, 149.

[15] H. Liu, X. Meng, D. Zhao, Y. Li, *Chem. Eng. J.* **2008**, *140*, 424.

[16] H. Du, C. Fairbridge, H. Yang, Z. Ring, *Appl. Catal. A* **2005**, *294*, 1.

[17] G.B. McVicker, M. Daage, M.S. Touvelle, C.W. Hudson, D.P. Klein, W.C. Baird Jr, B.R. Cook, J.G. Chen, S. Hantzer, D.E.W. Vaughan, E.S. Ellis, O.C. Feeley, *J. Catal.* **2002**, *210*, 137.

[18] A. Amano, G. Parravano, *Adv. Catal.* **1957**, *9*, 716.

[19] G.C.A. Schuit, L.L. Van Reijen, *Adv. Catal.* **1958**, *10*, 242.

[20] H. Kubicka, *J. Catal.* **1968**, *12*, 223.

[21] A. Stanislaus, B.H. Cooper., *Catal. Rev.- Sci. Eng.* **1994**, *36*, 75.

[22] Z. Paàl, P. Télényi, *Nature* **1977**, *267*, 234.

[23] Z. Paàl, *Adv. Catal.* **1980**, *29*, 273.

[24] F.G. Gault, *Adv. Catal.* **1981**, *30*, 1.

[25] J. Dartigues, A. Chambellan, F.G. Gault, *J. Am. Chem. Soc.* **1976**, *98*, 856.

[26] J.H. Chow, G.B. Mc Vicker, *J. Catal.* **1988**, *112*, 290.

[27] J.H. Sinfelt, *Catal. Rev.* **1969**, *3*(2), 175.

[28] S. L. Anderson, J. Szanyi, M.T. Paffett, A.K. Datye, *J. Catal.* **1996**, *159*, 23.

[29] E. Rodríguez-Castellón, J.L.G. Fierro, A. Jiménez-López, *Appl. Catal. B* **2007**, *73*, 180.

[30] K. Chandra Mouli, V. Sundaramurthy, A.K. Dalai, Z. Ring, *Appl. Catal. A* **2007**, *321*, 17.

[31] S. Lecarpentier, J. van Gestel, K. Thomas, M. Houalla, *J. Catal.* **2007**, *245*, 45.

[32] S. Lecarpentier, J. van Gestel, K. Thomas, J.P. Gilson, M. Houalla, *J. Catal.* **2008**, *254*, 49.

[33] Z. Wang, A.E. Nelson, *Catal. Lett.* **2008**, *123*, 226.

[34] Z. Li, P.T. Do, Z. Li, J.M. Ramallo-López, F.G. Requejo, *Chem. Eng. J.* **2008**, *139*, 147.

[35] U. Nylén, L. Sassu, S. Melis, S. Järås, M. Boutonnet, *Appl. Catal. A* **2006**, *299*, 1.

[36] C.H. Bartholomew, P.K. Agrawal, J.R. Katzer, *Adv. Catal.* **1982**, *31*, 135.

[37] J. Barbier, E. Lamy-Pitara, P. Marecot, J.P. Boitiaux, J. Cosyns, F. Verna, *Adv. Catal.* **1990**, *37*, 279.

[38] P.G. Menon, G.B. Marin, G.F. Froment, *Ind. Eng. Chem. Prod. Res. Dev.* **1982**, *21*, 52.

[39] P.G. Menon, J. Prasad, *in Proc. 6th ICC*, London, **1977**, p. 1061.

[40] E.B. Maxted, *Adv. Catal.*, **1951**, *3*, 129.

[41] J.F. Chiou, Y.L. Huang, T.B. Lin, J.R. Chang, *Ind. Eng. Chem. Res.* **1995**, *34*, 4277.

[42] J.R. Chang, S.L. Chang, *J. Catal.*, **1998**, *176*, 42.

[43] H. Yasuda, T. Sato, Y. Yoshimura, *Catal. Today,* **1999**, *50*, 63.

[44] Y. Yoshimura, H. Yasuda, T. Sato, N. Kijima, T. Kameoka, *Appl. Catal. A : General,* **2001**, *207*, 3003.

[45] C. Petitto, G. Giordano, F. Fajula, C. Moreau, *Catalysis Communications* **2002**, *3*, 15.

[46] C. Song, A.D. Schmitz, *Energy and Fuel* **1997**, *11*, 656.

[47] J.T. Miller, D.C. Koningsberger, *J. Catal.* **1996**, *162*, 209.

[48] T. Matsui, M. Harada, K.K. Bando, M. Toba, Y. Yoshimura, *Appl. Catal. A : General* **2005**, *290*, 73.

[49] T. Matsui, M. Harada, Y. Ichihashi, K.K. Bando, N. Matsubayashi, M. Toba, Y. Yoshimura, *Appl. Catal. A : General* **2005**, *286*, 289.

[50] L.J. Simon, J.G. van Ommen, A. Jentys, J.A. Lercher, *Catal. Today* **2002**, *73*, 105.

[51] H. Yasuda, T. Kameoka, T. Sato, N. Kijima, Y. Yoshimura, *Appl. Catal. A : General* **1999**, *185*, 199.

[52] T.C. Huang, B.C. Kang, *J. Mol. Catal. A : Chemical* **1995**, *103*, 163.

[53] A. Corma, A. Martinez, V. Martinez-Soria, *J. Catal.* **1997**, *169*, 480.

[54] Z. Haijuan, M. Xiangchun, L. Yongdan, Y.S. Lin, *Ind. Eng. Chem. Res.* **2007**, *46*, 4186.

[55] T. Tiandi, Y. Chengyang, W. Lifeng, J. Yanian, X. Feng-Shou, *J. Catal.* **2008**, *257*, 125.

[56] G.A. del Angel, B. Coq, F. Figueras, S. Fuentes, R. Gomez, *Nouveau J. Chim.* **1983**, *7(3)*, 173.

[57] M. Guenin, M. Breysse, R. Frety, L. Tifouti, P. Marecot, J. Barbier, *J. Catal.* **1987**, *105*, 144.

[58] J. Barbier, P. Marecot, L. Tifouti, M. Guenin, M. Breysse, R. Frety, *Bull. Soc. Chim. France* **1986**, *1*, 49.

[59] P.W. Wentrcek, J.G. McCarty, C.M. Ablow, H. Wise, *J. Catal.* **1980**, *61*, 232.

[60] T.B. Lin, C.A. Jan, J.R. Chang, *Ind. Eng. Chem. Res.* **1995**, *34*, 4284.

[61] S.G. Kukes, F.T. Clark, D.P. Hopkins, L.M. Green, *US patent 5308814* **1993**, *US patent 5151172* **1992**, *US patent 5271828* **1993**.

[62] J.K. Minderhoud, J.P. Lucien, *US patent 4960505* **1988**.

[63] B.H. Cooper, B.B.L. Donnis, *Appl. Catal. A : General* **1996**, *137*, 203.

[64] R.M. Navarro, B. Pawelec, J.M. Trejo, R. Mariscal, J.L.G. Fierro, *J. Catal.* **2000**, *189*, 184.

[65] H. Yasuda, Y. Yoshimura, *Catal. Lett.* **1997**, *46*, 43.

[66] N. Matsubayashi, H. Yasuda, M. Imamura, Y. Yoshimura, *Catal. Today* **1998**, *45*, 375.

[67] J.L. Rousse, L. Stievano, F.J. Cadete Santos Aires, C. Geantet, A.J. Renouprez, M. Pellarin, *J. Catal.* **2001**, *197*, 335.

[68] A.J. Renouprez, J.L. Rousset, A.M. Cadrot, L. Stievano, *J. All. Comp.* **2001**, *328*, 50.

[69] J.L. Rousser, L. Stievano, F.J. Cadete Santos Aires, C. Geantet, A.J. Renouprez, M. Pellarin, *J. Catal.* **2001**, *202*, 163.

[70] Z. Paal, P. Tétényi, *Nature* **1977**, *267*, 234.

[71] Z. Paal, *Adv. Catal.* **1980**, *29*, 273.

[72] B. Coq, F. Figueras, *J. Mol. Catal.* **1987**, *40*, 93.

[73] Y. Barron, G. Maire, j.M. Muller, F.G. Gault, *J. Catal.* **1966**, *5*, 428.

[74] J.G. van Senden, E.H. van Broekhoven, C.T.J. Wressman, V. Ponec, *J. Catal.* **1984**, *87*, 468.

[75] Y. Miki, S. Yamadaya, M. Oba, *J. Catal.* **1977**, *49*, 278.

[76] L.B. Galperin, J.C. Bricker, J.R. Holmgren, *Appl. Catal. A* **2003**, *239*, 297.

[77] K.A. Cumming, B.W. Wojciechowski, *Catal. Rev. Sci. Eng.* **1996**, *38*, 101.

[78] C. Marcilly, *J. Catal.* **2003**, *217*, 47.

[79] G.A. Mills, H. Heinemann, T.H. Milliken, A.G. Oblad, *Ind. Eng. Chem.* **1953**, *45*, 134.

[80] P.B. Weisz, E.W. Swegler, *Science* **1957**, *126*, 31.

[81] F. Roessner, U. Roland, *J. Mol. Catal. A* **1996**, *112*, 401.

[82] K. Sato, Y. Iwata, Y. Miki, H. Shimada, *J. Catal.* **1999**, *186*, 45.

[83] J. Abbot, B.W. Wojciechowski, *Canad. J. Chem. Eng.* **1989**, *67*, 833.

[84] A. Corma, F. Mocholi, V. Orchilles, *Appl. Catal.* **1991**, *67*, 307.

[85] H.B. Mostad, T.U. Riis, O.H. Ellestad, *Appl. Catal.* **1990**, *63*, 345.

[86] E. Rodriguez-Castellon, L. Diaz, D.J. Jones, J. Rozière, J. Merida-Robles, P. Maireles-Torres, A. Jimenez-Lopez, *Appl. Cata. A : General* **2004**, *260*, 9.

[87] E. Rodríguez-Castellón, J. Mérida-Robles, L. Díaz, P. Maireles-Torres, D.J. Jones, J. Rozière, A. Jiménez-López, *Appl. Catal. A* **2004**, *260*, 9.

[88] D. Eliche-Quesada, J.M. Mérida-Robles, E. Rodríguez-Castellón, A. Jiménez-López, *Appl. Catal. A* **2005**, *279*, 209.

[89] A. Infantes-Molina, J. Mérida-Robles, E. Rodríguez-Castellón, J.L.G. Fierro, A. Jiménez-López, *Appl. Catal. B* **2007**, *73*, 180.

[90] M. Taillades-Jacquin, D.J. Jones, J. Rozière, R. Moreno-Tost, A. Jiménez-López, S. Albertazzi, A. Vaccari, L. Storaro, M. Lenarda, J.M. Trejo-Menayo, *Appl. Catal. A* **2008**, *340*, 257.

Chapitre II
Techniques expérimentales

II.1. Préparation des catalyseurs 33
    II.1.1. Imprégnation sans excès de solution 33
    II.1.2. Frittage des nanoparticules d'iridium 34

II.2. Caractérisation des catalyseurs 34
    II.2.1 Analyse chimique (ICP-OES) 34
    II.2.2 Analyse texturale 34
    II.2.3 Microscopie électronique en transmission à haute résolution (HRTEM) ... 35
    II.2.4. Microscope électronique à balayage (SEM) 36
    II.2.5. Spectroscopie X dispersive en énergie (EDX) 36
    II.2.6. Spectroscopie de photoélectrons induits par rayons X (XPS) 36
    II.2.7. Diffraction des rayons X (XRD) 37
    II.2.8. Analyse simultanée thermogravimétrique et thermique différentielle couplée à la spectrométrie de masse (TG-DTA-MS) 39
    II.2.9. Spectroscopie d'absorption infrarouge de pyridine adsorbée 39
    II.2.10. Spectroscopie d'absorption infrarouge en réflexion diffuse de CO adsorbé (CO-DRIFTS) 40

II.3. Evaluation des propriétés catalytiques 43
    II.3.1. Description du banc de test catalytique 43
    II.3.2. Conditions opératoires 44
    II.3.3. Vitesses, rendements et sélectivités 46

II.4. Identification des produits 47
    II.4.1. Chromatographie en phase gazeuse 47
    II.4.2. Chromatographie en phase gazeuse à deux dimensions couplée à la spectrométrie de masse (GCxGC-MS) 47
    II.4.3. Résonance magnétique nucléaire (NMR) du liquide 50
    II.4.4. Regroupement des produits 50

II.1. Préparation des catalyseurs

II.1.1. Imprégnation sans excès de solution

Avant imprégnation, les poudres reçues sous forme hydratée ont été activées par chauffage à 550 °C à l'air pendant 3 h. Cela a abouti à la déshydratation de la poudre et à la transformation de la partie de l'alumine de AlO(OH) (boehmite) en γ-Al_2O_3.

L'imprégnation sans excès de solution est un type d'imprégnation où la solution est introduite dans les pores du support et s'y répartit sous l'effet des forces de capillarité, le volume de solution utilisé étant égal au volume poreux du solide. C'est la technique la plus utilisée industriellement.

L'iridium et le palladium métalliques sont déposés sur γ-Al_2O_3, SiO_2 et SiO_2-Al_2O_3 amorphe (SIRAL-X où X représente le pourcentage massique en SiO_2, fourni par Sasol) avec une teneur de 1% en masse à partir des sels métalliques solides que sont les acétylacétonates d'iridium et palladium ($Ir(acac)_3$ et $Pd(acac)_2$, Sigma-Aldrich, pureté 97%) solubles dans le toluène [1].

Tableau II-1 : Volumes expérimentaux d'imprégnation des différents supports.

Support	Volume d'imprégnation ($mL.g^{-1}$)
Al_2O_3	1,5
SiO_2	1,8
SIRAL-5	1,4
SIRAL-10	1,4
SIRAL-30	1,5
SIRAL-40	2,3
SIRAL-70	1,0

Les catalyseurs contenant deux métaux différents sont préparés par co-imprégnation, Les deux sels métalliques sont alors dissous dans une même solution, la teneur finale en métal visée étant toujours de 1%.

Après imprégnation, les solides sont laissés à maturation pendant 2 h à température ambiante afin que la solution pénètre bien les pores, puis séchés pendant 12 h à 120 °C. Après séchage, dans certains cas les catalyseurs sont calcinés sous flux d'air pendant 3 h à 350 °C (60 $mL.min^{-1}$, 2 $°C.min^{-1}$) afin de décomposer les précurseurs en oxydes métalliques. Dans tous les cas et avant les tests catalytiques, les catalyseurs sont réduits sous flux d'hydrogène à des températures comprises entre 350 et 550 °C pendant 6 h (60 mL.min^{-1}, 2 °C.min^{-1}). Nous reviendrons dans le chapitre III sur la préparation des échantillons Ir/ASA.

II.1.2. Frittage des nanoparticules d'iridium

Une fois la préparation de Ir/ASA optimisée, conduisant à des nanoparticules bien dispersées, une procédure de frittage des nanoparticules a été appliquée à ce type d'échantillon pour obtenir des particules plus grosses. Par analogie avec le traitement appliqué par Balcon et coll. [2], l'échantillon a été chauffé à 500 et 700 °C pendant 4-6 h sous 2% vol. H_2O, produite par circulation de N_2 (débit d'azote 60 ml min^{-1}, pression totale 2 atm) à travers un saturateur contenant de l'eau à température ambiante. Après ce traitement, le catalyseur étant sous forme oxyde, une réduction complémentaire sous H_2 à 350 °C a été réalisée pour réobtenir l'iridium métallique.

II.2. Caractérisation des catalyseurs

II.2.1 Analyse chimique (ICP-OES)

Les teneurs en métaux des différents catalyseurs sont déterminées par le service d'analyse de l'IRCELYON par ICP-OES (*inductively coupled plasma-optical emission spectroscopy*, appareil Activa d'Horiba Jobin Yvon). Une mise en solution préalable par attaque en milieu acide est nécessaire, la nature de l'acide dépendant de l'élément à mettre en solution. En général, l'attaque se fait par un mélange d'eau régale et d'acide fluorhydrique.

II.2.2 Analyse texturale

La répartition de la taille des mésopores est calculée avec la méthode de Barett, Joyner et Halenda (méthode BJH) appliquée à la branche de désorption de l'isotherme. Les mesures sont réalisées sur un appareil automatisé (ASAP 2020 de Micromeritics) du service d'analyse de l'IRCELYON.

Avant de réaliser ces mesures, les échantillons doivent être désorbés afin d'éliminer l'air et l'eau contenus dans les pores. Ils sont dégazés sous vide secondaire à 300 °C pendant 2 h. La détermination de l'aire BET est basée sur la théorie de Brunauer, Emmett et Teller [3].

II.2.3 Microscopie électronique en transmission à haute résolution (HRTEM)

Les analyses ont été réalisées à l'aide d'un microscope électronique à haute résolution Jeol JEM 2010 (filament LaB_6) de l'IRCELYON, ainsi qu'avec un JEM 2010 FEG (CLYME). Ces deux microscopes (tension 200 kV, résolution 0,19 nm) sont équipés d'un système de microanalyse EDX (*energy dispersive X-ray spectroscopy*, Oxford Instrument).

Il a été possible de déterminer par TEM la taille des particules métalliques sur les différents supports utilisés. Cependant les supports tels que SiO_2 et SIRAL ne permettent pas l'observation directe des métaux, à cause de leur opacité. Il est donc nécessaire d'utiliser la technique des répliques. Les catalyseurs sont préalablement broyés et dispersés dans l'éthanol avant d'être déposés sur une plaque de mica clivée. L'ensemble est recouvert d'un film de carbone et est ensuite placé dans une solution contenant un mélange d'eau, d'acétone et d'acide fluorhydrique pendant au moins 24 heures pour que l'acide puisse dissoudre le support. Ainsi, à la surface de la solution, ne restent plus que les particules de métal fixées au film de carbone avec la même dispersion que sur le support initial. Après récupération, le film est déposé sur une grille de cuivre et l'observation au microscope des particules métalliques devient possible. Cela permet la détermination de la taille moyenne des particules et de leur dispersion sur le support par des comptages statistiques (entre 300 et 600 particules) à partir des négatifs (logiciel Sigma Scan). Si n_i est le nombre de particules de dimension d_i, la taille « numérique » moyenne se détermine comme suit :

$$<d> = \Sigma n_i d_i / \Sigma n_i$$

et les tailles « surfacique » et « volumique » moyennes sont respectivement :

$$<d>_{surf} = \Sigma n_i d_i^3 / \Sigma n_i d_i^2 \text{ et } <d>_{vol} = \Sigma n_i d_i^4 / \Sigma n_i d_i^3$$

La dimension d'une particule est définie comme le diamètre du disque de surface égale à celle de l'aire projetée de la particule. Les différences entre les trois valeurs sont importantes dans le cas où le catalyseur possède une distribution bimodale de taille. La valeur de la taille surfacique moyenne est la plus utile puisque les propriétés catalytiques sont reliées à la surface du catalyseur. La taille volumique est utile pour l'analyse des résultats de diffraction X (technique de volume).

II.2.4. Microscope électronique à balayage (SEM)

Les morphologies externe (échantillon brut) et interne (échantillon poli) du SIRAL-40 ont été observées à l'aide d'un microscope électronique à balayage Jeol S800 LV du service d'analyse de l'IRCELYON (tension 30 kV, résolution 3,5 nm). L'objectif était aussi d'analyser l'homogénéité de la composition Si/Al par cartographie EDX.

II.2.5. Spectroscopie X dispersive en énergie (EDX)

Sous l'impact du faisceau d'électrons, les éléments présents dans l'échantillon émettent des photons X par le phénomène de fluorescence. L'analyse EDX se base ainsi sur le spectre d'émission X de l'échantillon. L'énergie mesurée est caractéristique de la nature de l'élément. Les différents éléments présents dans l'échantillon (Ir, Pd, etc.) sont analysés de manière à déterminer la composition de la phase active. L'acquisition des spectres sur différentes zones de l'échantillon avec des tailles de sonde variables permet en outre d'estimer l'homogénéité du catalyseur. L'acquisition a été effectuée sur les microscopes Jeol 2010, 2010F et S800.

II.2.6. Spectroscopie de photoélectrons induits par rayons X (XPS)

Il s'agit d'une technique d'analyse de surface particulièrement adaptée à l'étude des catalyseurs, car elle permet de recueillir des informations sur le degré d'oxydation, l'environnement chimique, et les concentrations relatives des éléments (épaisseur analysée : 1,5 à 5 nm) [4]. L'appareil utilisé par le service d'analyse de l'IRCELYON est un Axis Ultra DLD (Kratos) muni d'une source Al monochromatisée d'énergie 1486,6 eV. Les spectres sont effectués avec une énergie d'analyse de 20 eV et sur une zone de 300x700 µm.

L'exploitation des spectres de photoélectrons a été réalisée de façon systématique (logiciel Kratos), en utilisant la procédure suivante :

- Correction de l'effet de charge (déplacement des pics) en utilisant la raie Al_{2p} localisée à 74,5 eV comme référence interne,
- Lissage des spectres expérimentaux,
- Soustraction du bruit de fond par application de la fonction de Shirley,

- Décomposition des spectres à l'aide d'une fonction gaussienne(70%)-lorentzienne.

L'iridium présente un doublet associé aux niveaux électroniques $4f_{7/2}$ et $4f_{5/2}$. La décomposition de ce doublet doit respecter deux critères : la règle qui fixe le rapport des aires des niveaux ($Ir_{4f7/2}/Ir_{4f5/2} = 4/3$) et la différence d'énergie entre les deux composantes du doublet, qui doit être égale à 2,98 eV.

II.2.7. Diffraction des rayons X (XRD)

La diffraction des rayons X est une méthode d'analyse structurale non destructive qui permet de caractériser des matériaux cristallins. Elle permet d'identifier et quantifier les phases cristallines, de déterminer la structure cristallographique de ces phases, de mesurer des contraintes résiduelles et d'estimer la taille des cristallites. Pour ce dernier point, il n'est pas toujours possible d'utiliser la formule de Scherrer dans le cas des catalyseurs pour différents raisons : recouvrement de raies voisines, superposition des raies de diffraction des différentes phases du catalyseur, particules très petites, etc. Les méthodes d'ajustement du profil de la totalité du diffractogramme permettent d'aller au-delà de ces limites en prenant en compte toute l'information disponible dans le diffractogramme. Parmi ces différentes méthodes, la plus utilisée est la méthode de Rietveld. Cet une méthode d'analyse des diffractogrammes de rayons X sur poudre, qui fut développée en 1969 par le cristallographe néerlandais Hugo Rietveld [5, 6]. Cette méthode consiste, à l'aide d'un logiciel, à simuler un diffractogramme à partir des données structurales des phases présentes dans l'échantillon, puis d'ajuster, par la méthode des moindres carrés, les paramètres de ce modèle afin que le diffractogramme simulé soit le plus proche possible du diffractogramme mesuré. Les paramètres sont liés à la structure de la phase cristalline (nature et position des atomes au sein de la maille), à la texture de l'échantillon (cristallinité, taille des cristallites, orientation préférentielle) et aux conditions expérimentales (fond continu, décalage angulaire, élargissement instrumental). Contrairement à la méthode classique basée sur la surface ou la hauteur des pics, la méthode de Rietveld impose une mesure sur une grande plage angulaire (typiquement de 20 à 90°) et avec un bon rapport signal sur bruit, donc un temps d'acquisition relativement long. La forme des pics, modélisée par une fonction analytique complexe (fonction gaussienne-lorentzienne), renseigne directement sur la microstructure de l'échantillon. La partie gaussienne de la fonction est reliée aux défauts de structure alors que la partie lorentzienne est directement reliée à la taille des cristallites.

Nous avons utilisé la XRD in situ pour analyser la décomposition du précurseur Ir(acac)$_3$ sur ASA sous différentes atmosphères. Les expériences ont été réalisées par le service d'analyse de l'IRCELYON sur un diffractomètre Panalytical X'Pert Pro MPD θ-θ avec monochromateur arrière et détecteur multi-pistes X'Celerator. Les diffractogrammes sont obtenus grâce à la radiation K$_{α1+2}$ du cuivre (λ = 1,54184 Å). Le porte-échantillon verre-céramique est situé dans une chambre-réacteur sous flux Anton Paar XRX 900. Pour les expériences en température, l'échantillon a été chauffé de la température ambiante à 700 °C, avec une rampe en température de 2 °C.min^{-1} sous flux gazeux de 20 mL.min^{-1} pour H$_2$ et 38 mL.min^{-1} pour l'air synthétique. Les diffractogrammes ont été systématiquement acquis après environ une heure de stabilisation thermique (133 min par scan, pas 2θ de 0.033°).

La méthode d'ajustement de Rietveld a été utilisée pour déterminer la taille des cristallites de Ir au moyen du logiciel FullProf [7]. La figure II-1 illustre l'application de cette méthode au système Ir/ASA.

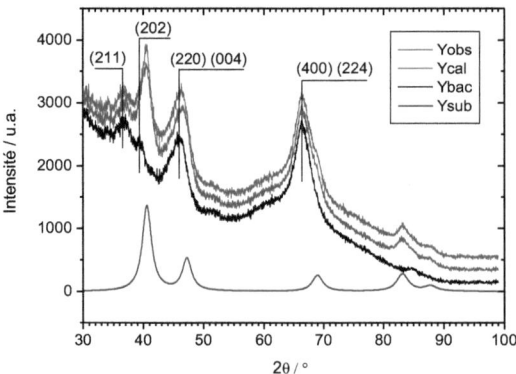

Figure II-1 : Illustration de la méthode employée pour l'analyse des diffractogrammes dans le cas de Ir/ASA sous H$_2$ à 350 °C.

Le diffractogramme enregistré (*observed* : Y$_{obs}$) a été ajusté par la somme (Y$_{cal}$ = Y$_{sub}$ + Y$_{bac}$) du diffractogramme calculé du métal pur (*subtracted* : Y$_{sub}$) et d'un diffractogramme de fond (*background* : Y_{bac}). Y_{bac} est une fonction linéaire du diffractogramme expérimental du support, enregistré dans les mêmes conditions que Y_{obs}. Y_{sub} contient les informations sur la taille des particules.

II.2.8. Analyse simultanée thermogravimétrique et thermique différentielle couplée à la spectrométrie de masse (TG-DTA-MS)

Le comportement thermique des échantillons a été étudié à l'aide d'un analyseur thermique Setaram, modèle Setsys Evolution 12 (service d'analyse IRCELYON). L'analyse thermogravimétrique (TG) permet de mesurer la variation de masse en fonction du temps ou de la température et renseigne sur le transfert de matière entre l'échantillon et son environnement. L'analyse thermique différentielle (DTA) mesure la différence de température entre la référence (creuset vide) et l'échantillon et renseigne sur la transformation énergétique de la matière. Cet analyseur thermique est couplé à un spectromètre de masse (Pfeiffer Omnistar) et renseigne sur la nature des espèces chimiques dégazées par l'échantillon.

Entre 25 et 30 mg de produit ont été introduits dans un creuset en platine de manière à réaliser un lit mince favorisant les interactions gaz-solide. La chambre d'analyse contenant l'échantillon a été mise sous balayage de Ar, 20% O_2/N_2, 20% O_2/Ar ou 5% H_2/Ar avec un débit de 50 mL/min et soumise à une montée linéaire en température de 2 °C.min^{-1}.

II.2.9. Spectroscopie d'absorption infrarouge de pyridine adsorbée

La spectroscopie infrarouge permet de sonder les espèces présentes à la surface d'un catalyseur. Le domaine de nombres d'onde (4000-400 cm^{-1}) correspond aux états d'énergie vibrationnelle et rotationnelle des molécules, états qui dépendent de constantes moléculaires telles que la symétrie de la molécule, les constantes de forces interatomiques et le moment d'inertie autour de certains axes [4]. L'acidité des solides a été caractérisée en utilisant la pyridine comme molécule sonde car elle permet de différencier facilement les sites acides de Brönsted des sites acides de Lewis [8-12], et elle a également été l'une des premières molécules utilisées pour l'évaluation des propriétés acides des silice-alumines [13]. En effet, l'atome d'azote de la pyridine peut soit capter un proton (acide de Brönsted) pour former l'ion pyridinium, soit transférer son doublet électronique à des centres acides de Lewis. Les deux espèces formées ont des bandes caractéristiques d'absorption en IR, ainsi que la pyridine qui se physisorbe sur la surface [14]. Le Tableau II.2 regroupe les nombres d'onde d'absorption de la pyridine adsorbée sur un solide acide. Il est donc possible d'identifier la nature des sites acides d'un catalyseur, et l'intensité des bandes renseigne sur le nombre de sites acides. La force acide peut être évaluée en étudiant l'évolution des bandes d'absorption des spectres IR avec la température de désorption.

Tableau II-2 : Bandes d'absorption IR (cm^{-1}) de la pyridine sur les solides acides [14].

Liaison hydrogène avec la pyridine (pyridine libre)	Ion pyridinium (site acide de Brönsted)	Liaison forte avec la pyridine (site acide de Lewis)
1400-1447		1447-1460
1485-1490	1485-1500	1488-1503
	1540	
1580-1600		~1580
		1600-1633
	~1640	

Pour l'analyse, on réalise des pastilles de solide d'une vingtaine de milligrammes par compression. Après désorption de l'échantillon à 350 °C pendant 1 heure et refroidissement à température ambiante, la pyridine est introduite dans la cellule IR à pression de vapeur saturante. Elle est ensuite désorbée sous vide secondaire (10^{-5} Torr) successivement à 25, 150, 250 et 350 °C.

Les spectres IR des catalyseurs préparés ont été enregistrés sur un appareil du service de l'IRCELYON à transformée de Fourier FTIR (Brüker Vector 22). Les spectres finaux résultent de la différence entre ces spectres et celui effectué sur l'échantillon seul après désorption à 350 °C.

II.2.10. Spectroscopie d'absorption infrarouge en réflexion diffuse de CO adsorbé (CO-DRIFTS)

La technique de CO-DRIFTS a été utilisée pour étudier l'influence de la taille des particules d'iridium sur la nature des sites de surfaces en collaboration avec Julien Couble et Pr Daniel Bianchi (équipe surface, IRCELYON).

- **Spectroscopie IR de CO**

L'étude des catalyseurs par spectroscopie IR consiste en l'adsorption de molécules présentant des vibrations dont la fréquence est reliée à la nature des sites métalliques. Le monoxyde de carbone est la molécule-sonde la plus utilisée. En effet, CO, excellent vibrateur, est fortement adsorbé sur les métaux de transition en général [15].

CO forme des complexes avec presque tous les éléments de transition. La liaison dans ces complexes carbonyles implique la formation :
- d'une liaison de type σ par recouvrement d'électrons 5σ du CO avec une orbitale vide du métal,
- d'une liaison de type π par rétrodonation d'électrons d du métal vers l'orbitale 2π* antiliante de la molécule de CO.

Selon les propriétés électroniques du métal, l'effet de rétrodonation est plus ou moins important, ce qui se traduit par un déplacement de la fréquence de vibration de la bande CO. Le peuplement de l'orbitale 2π* aura ainsi pour effet de diminuer la fréquence de vibration du CO.

Suivant le type de la liaison CO-métal, on distingue :
- CO linéaire (CO lié à un seul atome métallique)
- CO ponté ou multilié quand CO est lié à deux ou plusieurs atomes de métal.

- **Réflexion diffuse**

Lorsqu'un faisceau lumineux arrive à l'interface d'un second milieu dont l'indice de réfraction est plus grand, il subit soit une réflexion totale comme sur un miroir, soit une réflexion atténuée après avoir en partie pénétré dans ce milieu d'environ une demi-longueur d'onde (soit entre 2 et 10 micromètres pour les rayons infrarouges). Plusieurs techniques exploitent ce principe et permettent d'observer toutes sortes d'échantillons. On distingue la réflexion spéculaire, la réflexion totale atténuée et la réflexion diffuse. Chaque dispositif est conçu pour privilégier une seule composante de réflexion.

Lorsqu'un faisceau infrarouge est focalisé sur un matériau constitué de fines particules, la radiation incidente peut pénétrer la surface sur quelques nanomètres. Il en résulte une diffusion de la lumière. C'est la réflexion diffuse. Elle peut être considérée comme la résultante de multiples réflexions, réfractions et absorptions sur des particules orientées de façon irrégulière. Ces rayons émis de manière aléatoire forment un ensemble de rayons diffusés, qui seront collectés puis focalisés à l'aide d'un jeu de miroirs (elliptique et plan) vers le détecteur du spectromètre. En DRIFTS, l'échantillon ne nécessite pas de pastillage.

- *Mode opératoire*

Les solides sont analysés sous forme de poudre légèrement comprimée et tamisée (diamètre 100 µm, masse 100 mg). Les catalyseurs sont placés dans un porte échantillon et introduites dans une cellule en inox équipée de fenêtres en CaF_2 et permettant des traitements thermiques *in situ* à températures comprises entre 20 et 500 °C. Le solide est chauffé par une cartouche chauffante sous flux de gaz de 200 mL.min^{-1} et sous pression atmosphérique. Les spectres sont enregistrés à chaque température avec un spectromètre à transformée de Fourier (Nicolet 6700). Les données de DRIFTS obtenues sont transformées en pseudo-absorbance A' par la formule suivante :

$$A' = \ln (R/R')$$

avec :   R = réflectance absolue du catalyseur avant adsorption de CO

R' = réflectance absolue du catalyseur après adsorption de CO

Chaque catalyseur est traité thermiquement afin d'obtenir une surface identique avant chaque expérience, selon le protocole suivant :

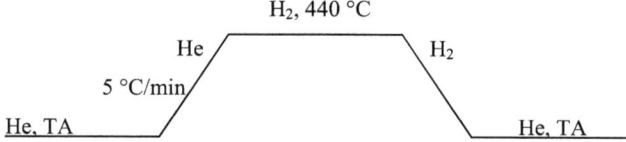

Le monoxyde de carbone est ensuite introduit à une température donnée et à une pression partielle donnée (ici 1 atm, 0,8% CO/He). Des montées en température sont ensuite effectuées afin d'observer l'évolution des bandes IR correspondant aux espèces CO adsorbées. Ici, un spectre a été enregistré à température ambiante (TA) pour les deux échantillons Ir/ASA de tailles de particules différentes.

II.3. Evaluation des propriétés catalytiques

Les propriétés catalytiques des solides que nous avons préparés ont été déterminées pour la réaction d'hydroconversion de la tétraline, choisie comme molécule modèle, en présence de H_2S.

II.3.1. Description du banc de test catalytique

Les tests catalytiques ont été effectués en phase gazeuse sous pression, à l'aide d'un microréacteur ouvert à lit fixe [16]. Le schéma du banc de test est présenté à la figure II-2.

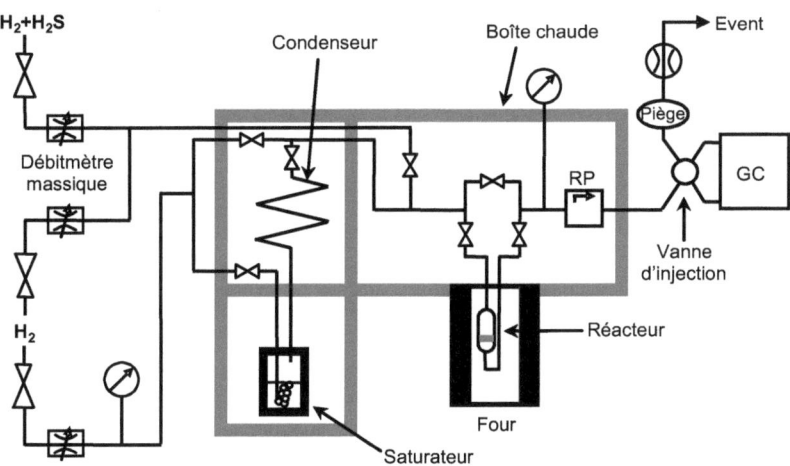

Figure II-2 : Schéma du banc de test catalytique. (GC : chromatographe en phase gazeuse ; RP : régulateur de pression ou déverseur).

Le réactif est la tétraline (1,2,3,4-tétrahydronaphtalène, Sigma Aldrich, pureté >99%). Il est possible de changer la pression partielle du réactif grâce à une ligne de H_2 auxiliaire. Le sulfure d'hydrogène (H_2S) est introduit à partir d'un mélange commercial (Praxair) de 500 ppm de H_2S dans H_2. Les débits sont régulés par des débitmètres massiques de type Brooks (0-100 mL.min^{-1}). L'hydrogène (Air Liquide, pureté >99,999%) passe par un saturateur rempli de tétraline. Le gaz saturé passe ensuite dans un condenseur dont la température régule la pression partielle du réactif. L'introduction du mélange H_2S/H_2 se fait après le condenseur et avant le réacteur.

Le réacteur est composé d'un tube en Pyrex (10 mm de diamètre interne) muni d'un fritté placé à l'intérieur d'un tube en U en acier inoxydable. Notons que le Pyrex empêche le stockage de soufre par le tube d'acier [17]. Ce réacteur a été mis au point afin d'éviter des problèmes d'activation de réacteur observés dans un précédent travail réalisé au laboratoire [18] avec des réacteurs entièrement conçus en inox. Le réacteur est chauffé dans un four tubulaire, dont la température est contrôlée par un thermocouple relié à un régulateur de température. La température de réaction est repérée grâce à un thermocouple situé au niveau du lit catalytique. Le réacteur et le système saturateur-condenseur peuvent être contournés afin de réaliser des "bypass".

Pour nos tests, nous avons utilisé un déverseur mécanique qui permet d'atteindre des niveaux de pression élevés et d'assurer la détente à pression atmosphérique. Il nous a également servi à étudier l'influence du temps de contact sur les sélectivités vis-à-vis des différents produits de la réaction. En effet, ce déverseur permet de faire varier le débit total de gaz tout en conservant une pression constante dans le montage [19].

Afin d'éviter la condensation du réactif et des produits de réaction, la température de l'ensemble de l'appareil est constamment maintenue à 180 °C. Un piège est situé en sortie de test pour condenser les produits de réaction et le réactif non converti pour analyse *ex situ*.

II.3.2. Conditions opératoires

- *Réactifs*

La température du condenseur est de 133 °C pour la tétraline. Cette température permet de fixer la pression partielle de réactif à 12 kPa. Après dilution par le circuit d'hydrogène secondaire, la pression partielle de réactif au niveau de réacteur est de 6 kPa (45 Torr, rapport molaire H_2/tétraline = 670). La pression totale dans le test est régulée par le déverseur à 4 MPa. Les valeurs de débit total sont comprises entre 20 et 200 mL.min^{-1} tout en gardant le rapport de dilution pour conserver une pression partielle de réactif constante. La température au niveau du catalyseur est de 250-350 °C (350 °C en standard).

- *Catalyseurs*

Les catalyseurs sont testés sous forme de poudres. La masse de catalyseur chargée est d'environ 50 mg pour la plupart des catalyseurs. L'activité hydrogénante du palladium étant très élevée, il a fallu diminuer la masse utilisée pour les catalyseurs bimétalliques contenant une forte proportion de palladium à 10 mg afin de pouvoir observer un effet de H_2S. Dans ce cas, le catalyseur a été dilué dans de l'alumine afin de conserver une hauteur de lit catalytique constante. Le réacteur est mis en place sur l'unité de test puis chauffé sous flux d'hydrogène. Le réactif peut être à son tour introduit dans le réacteur lorsque la pression et la température ont atteint leur valeur de consigne, en général respectivement 4 MPa et 350 °C. Les analyses GC sont alors réalisées automatiquement toutes les demi-heures. Lorsque l'activité du catalyseur sous flux d'hydrogène pur est stabilisée, les tests en présence de H_2S peuvent être réalisés.

- *Evaluation de la thiorésistance*

L'activité des catalyseurs pour l'hydroconversion de la tétraline a été mesurée pour des concentrations en H_2S variant entre 0 et 200 ppm, les autres conditions opératoires étant identiques à celles utilisées lors du test réalisé sous flux de H_2 pur. Les tests en présence de H_2S ont été conduits de la façon suivante. Après le test sous flux d'hydrogène pur, la séquence suivante est réalisée :
- test sans H_2S
- concentration en H_2S fixée à 50 ppm jusqu'à stabilisation du taux de conversion
- concentration en H_2S fixée à 100 ppm jusqu'à stabilisation
- concentration en H_2S fixée à 200 ppm jusqu'à stabilisation
- retour à une concentration en H_2S de 50 ppm jusqu'à stabilisation
- retour à une concentration en H_2S nulle jusqu'à stabilisation

Les points-retours sont effectués afin d'observer si le phénomène d'empoisonnement par le soufre est réversible ou non.

- *Ajustement de la conversion*

L'influence du temps de contact des réactifs sur les sélectivités a été évaluée à une concentration en soufre de 100 ppm. Le temps de contact est égal à la masse de catalyseur divisée par le débit massique des réactifs et est compris entre 2 et 100 s (temps de contact standard 20 s) dans notre cas. La masse de catalyseur ainsi que le débit total (débit H_2 principal + débit H_2 secondaire + débit de H_2/H_2S) ont été modifiés tout en conservant la pression partielle de la tétraline et la pression totale dans le montage constantes. Ces modifications entraînent des variations de la conversion de la tétraline et pour chaque catalyseur, il a été possible d'obtenir une conversion constante d'environ 50% pour les expériences à isoconversion. Des expériences à conversion variable ont également été réalisées.

II.3.3. Vitesses, rendements et sélectivités

Les masses de catalyseur utilisées (typiquement 50 mg) conduisent, pour les tests en absence de H_2S, à des taux de conversion très élevés incompatibles avec un modèle de réacteur piston (« *plug-flow* ») idéal. Cependant, ces quantités sont nécessaires pour le travail réalisé en présence de soufre. Ce modèle a donc été utilisé en première approximation pour le calcul des vitesses de réaction.

La vitesse de conversion de la tétraline ($V_{tétraline}$) a été calculée en utilisant une cinétique de pseudo premier ordre et un réacteur piston modèle, selon la formule suivante:

$$V_{tétraline} = -\frac{D_{tétraline}}{m_{cat}} Ln(1 - \chi_{tétraline})$$

avec :

- $V_{tétraline}$: vitesse de disparition de la tétraline (mol.g^{-1}.s^{-1})
- D_{total} : débit de tétraline (mol.s^{-1})
- m_{cat} : masse de catalyseur introduite dans le réacteur (g)
- $\chi_{tétraline}$: taux de conversion de la tétraline

La conversion de la tétraline ($\chi_{tétraline}$) a été calculée à partir de (A_{totale} - $A_{tétraline}$)/A_{totale}, où A_{totale} est la somme de tous les aires GC (correspondant à tous les produits + la tétraline non convertie) et $A_{tétraline}$ est l'aire du pic de la tétraline non convertie.

Le rendement en produit i (Yi) est défini comme A_i/A_{total}, où A_i est l'air du pic du produit i. La sélectivité (Si) en produit i a été calculée à partir de $Yi/\chi_{tétraline}$. La vitesse de formation du produit i est donc: $Si.V_{tétraline}$. La réponse du GC étant similaire pour tous les produits C_{10}, les rendements et sélectivités peuvent être exprimées indifféremment en % molaires ou massiques.

II.4. Identification des produits

Comme nous le verrons, pour notre mélange complexe de produits d'hydroconversion de la tétraline, la GC conventionnelle en ligne s'est avérée insuffisante. L'analyse additionnelle des produits par GCxGC-MS nous a permis de mieux les séparer ainsi d'en identifier la plupart. Une analyse complémentaire par NMR a été faite afin de déterminer la présence ou non de doubles liaisons carbone-carbone.

II.4.1. Chromatographie en phase gazeuse

L'analyse du mélange réactionnel est entièrement automatique et réalisée en ligne à l'aide d'un chromatographe en phase gazeuse Hewlett Packard 6890 équipé d'un détecteur à ionisation de flamme et du logiciel PeakSimple. La colonne capillaire utilisée est de type HP1 avec une longueur de 25 m, diamètre externe de 0,2 mm et épaisseur de film de 0,5 µm.

La température du four a été programmée afin d'optimiser la séparation des produits attendus et des réactifs n'ayant pas réagi. Le programme suivant a été mis au point grâce à l'injection manuelle des différents produits disponibles au laboratoire :

- 5 min à 55 °C
- 5 °C.min^{-1} jusqu'à 90 °C
- 6 min à 90 °C
- 15 °C.min^{-1} jusqu'à 200 °C

Un piège situé en sortie de test catalytique permet de condenser les différents produits issus de la conversion de la tétraline.

II.4.2. Chromatographie en phase gazeuse à deux dimensions couplée à la spectrométrie de masse (GCxGC-MS)

L'analyse détaillée de mélanges complexes, notamment dans le domaine du pétrole, a conduit ces dernières années au développement de techniques multidimensionnelles. Ces méthodes d'analyse présentent un pouvoir résolutif accru du fait de l'association de colonnes chromatographiques de sélectivités différentes. Ces colonnes ont, dans un premier temps, été associées afin d'améliorer la résolution sur une fraction du mélange (« *heart cutting* »)[20]. Récemment, l'introduction de la chromatographie en phase gazeuse bidimensionnelle (GCxGC) a permis une amélioration considérable dans la caractérisation des mélanges complexes. Dans le domaine des produits pétroliers, la chromatographie bidimensionnelle GCxGC peut permettre d'obtenir une description univoque des composés, comme par exemple des produits d'ouverture de cycle obtenus à partir du LCO (*light cycle oil*) [21, 22].

Notre système GCxGC [23] est un chromatographe Agilent 6890N équipé d'un modulateur thermique à deux étages (Zoex Corporation). Les échantillons sont injectés sans dilution à l'aide d'un passeur automatisé de type 7683 B et le volume d'injection est de 0,3 µL. La séparation bidimensionnelle est possible grâce au modulateur constitué d'une colonne de type "silice fondue" de longueur 1 m et de diamètre interne 0,25 mm qui est placé entre les deux colonnes. Le modulateur a pour rôle de piéger les composés éluant de la première colonne en les condensant, de les focaliser puis de les réinjecter dans la deuxième colonne en les re-vaporisant. Les cycles de piégeage-désorption nécessaires à la modulation sont assurés par un jet froid continu d'azote liquide à -100 °C et un jet chaud alternatif à 280 °C. La période de modulation est fixée à 12 s. La seconde colonne est donc une colonne courte, afin que chaque impulsion soit séparée dans un temps inférieur à la période de modulation. Les colonnes utilisées dans chaque dimension sont décrites dans le tableau II-4 tandis que la figure II-3 présente un schéma simplifié et le principe de fonctionnement du GCxGC [9].

Tableau II-4 : Description des colonnes utilisées en GCxGC.

colonne	type de colonne	longueur (m)	diamètre interne (mm)	Epaisseur du film (µm)
1ère colonne	ZB1MS	30	0,25	1
2ème colonne	VF17MS	3	0,1	0,2

Le programme de température suivant a été mis au point pour le premier four : 60 °C pendant 1 min puis augmentation de température jusqu'à 150 °C à 0,6 °C/min^{-1}. Pour le second four : 60 °C pendant 4 min puis augmentation jusqu'à 180 °C à 0,8 °C.min^{-1}. Le chromatographe à deux dimensions est couplé à un spectromètre de masse de type 5975B permettant de balayer des masses comprises entre 50 et 300 et ainsi de réaliser 22 scan.s^{-1}.

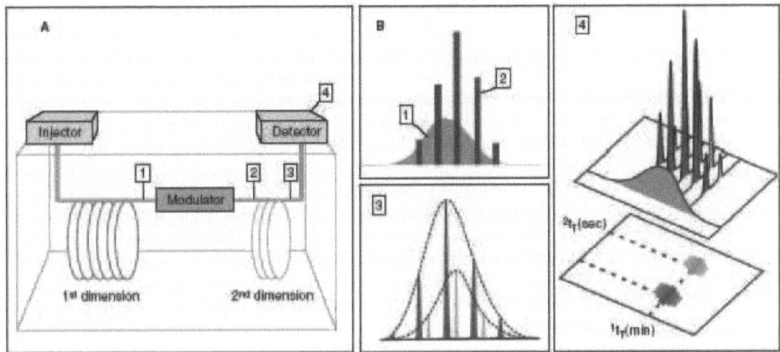

Figure II-3 : Schéma simplifié et principe de fonctionnement de l'appareillage de chromatographie en phase gazeuse à deux dimensions.

La figure II-4 présente les chromatogrammes 3D d'un échantillon issus de l'hydroconversion de la tétraline sur Ir/ASA. Chaque pic du chromatogramme 3D correspond à un constituant de l'échantillon analysé, qui peut être identifié à l'aide de son spectre de masse. Comme nous le verrons au chapitre V, cette identification reste délicate lorsque les produits ne sont pas connus de la base de données (NIST08) incluse dans le logiciel GC Image.

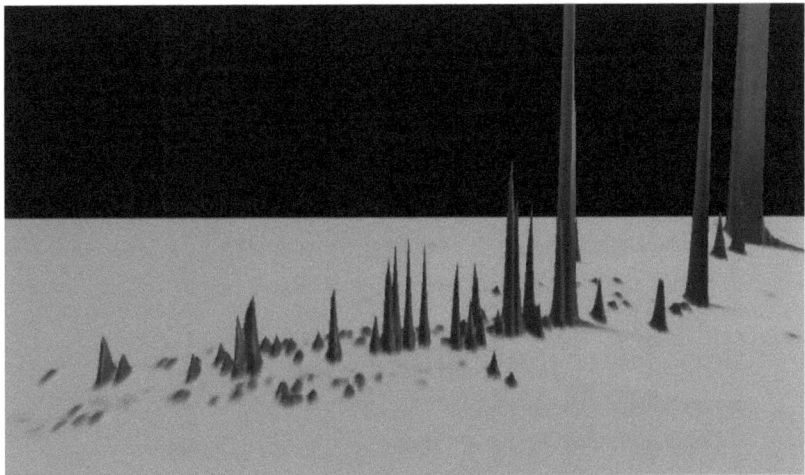

Figure II-4 : Chromatogramme en trois dimensions des produits d'hydroconversion de la tétraline sur Ir/ASA (conversion 50%, 100 ppm H_2S, 4 MPa, 350 °C).

II.4.3. Résonance magnétique nucléaire (NMR) du liquide

La spectroscopie de résonance magnétique nucléaire est une technique basée sur l'étude du comportement des spins nucléaires de certains atomes, dont le noyau possède un moment magnétique non nul, placés dans un champ magnétique statique B_0 [24]. La levée de dégénérescence par effet Zeeman conduit à des interactions entre les niveaux énergétiques. On peut alors, grâce à un champ de radiofréquence B_1, induire des transitions entre ces niveaux. On enregistre l'aimantation résultante dont on fait la transformée de Fourrier pour obtenir le signal NMR. Cette technique permet d'étudier l'ordre local au niveau du noyau considéré.

Nous avons donc utilisé la NMR liquide du proton (^1H) pour analyser les produits d'hydroconversion. Les spectres ont été enregistrés sur un spectromètre Bruker Avance 250 (champ statique de 5,87 Tesla) équipé d'une sonde QNP 5 mm (service d'analyse IRCELYON). Les solutions étudiées ont été diluées dans le trichlorométhane deutéré ($CDCl_3$). Les spectres ^1H ont été acquis à 250,13 MHz (impulsions de 3 µs, temps d'acquisition 6,3 s, temps de relaxation 1 s, 16 scans). Le tétraméthylsilane a été utilisé comme référence de déplacement chimique.

II.4.4. Regroupement des produits

Pour chacun des systèmes catalytiques, nous avons étudié la distribution des produits. Les sélectivités ont été comparées à 50% de conversion de la tétraline sous 100 ppm H_2S à 350 °C. Les produits observés au cours des tests (au maximum une centaine) ont été classés de la façon suivante :

- produits d'hydrogénation ($C_{10}H_{18}$): *trans*-décaline (***t*-D**) et *cis*-décaline (***c*-D**)
- produit de déshydrogénation ($C_{10}H_8$) : naphtalène (**naph.**)
- produits d'ouverture et de contraction de cycle (**POCC**, $C_{10}H_x$) : molécules de types alkyl-cyclique (saturé ou aromatique) et bicyclique (saturé ou aromatique).

    Dans le cas où une analyse par GCxGC a été conduite, la catégorie POCC a pu être subdivisée en satPOC, aroPOC, satPCC et aroPCC.
- produits de craquage ($C_{<10}$) : **craq.**

L'analyse des produits sera détaillée au chapitre V.

Références

[1] P. Reyes, J. Fernandez, G. Pecchi, J.L.G. Ferro, *J. Chem. Biotechnol.* **1998**, *73*, 1.

[2] S. Balcon, S. Mary, C. Kappenstein, E. Gengembre, *Appl. Catal. A* **2000**, *196*, 179.

[3] S. Brunauer, P.H. Emmet, E. Teller, *JACS* **1938**, *60*, 309.

[4] B. Imelik, J.C. Vedrine, *Les techniques physiques d'étude des catalyseurs*, Ed. Technip, **1988**.

[5] H.M. Rietveld, *Acta Crystallographica* **1967**, *22*, 151.

[6] H.M. Rietveld, *J. Appl. Crystallography* **1969**, *2*, 65.

[7] J. Rodriguez-Carvajal, *Phys. B* **1993**, *192*, 55; Full program and documentation can be obtained on http://www.ill.eu/sites/fullprof.

[8] C.A. Emeis, *J. Catal.* **1993**, *141*, 347.

[9] S. Khabtou, T. Chevreau, J.C. Lavalley, *Microporous Materials* **1994**, *3*, 133.

[10] J. Datka, A.M. Turek, J.M. Jehng, I.E. Wachs, *J. Catal.* **1992**, *135*, 186.

[11] L.M Parker, D.M. Bibby, G.R. Burns, *J. Chem. Soc. Faraday Trans.* **1991**, *87*, 3319.

[12] E.P. Parry, *J. Catal.* **1963**, *2*, 371.

[13] J.W. Ward, R.C. Hansford, *J. Catal.* **1969**, 154.

[14] H. Knözinger, G. Ertl, H. Knözinger, J. Weitkamp, *Handbook of heterogeneous catalysis*, Ed. Wiley-vch, **1997**.

[15] Y. Soma-Noto, W.M.H. Sachtler, *J. Catal.* **1974**, *32*, 315.

[16] M. Vrinat, L. de Mourgues, *React. Kinet. and Catal. Lett.* **1980**, *14*, 389.

[17] F. Labruyère, M. Lacroix, D. Schweich, M. Breysse, *J. Catal.* **1997**, *167*, 464.

[18] S. Pessayre, Thèse 118-00 Université Lyon 1 **2000**.

[19] S. Casu, Thèse 152-08 Univérsité Lyon 1 **2008**.

[20] K.D. Bartle, P. Myers, *Trends in analytical chemistry* **2002**, *21*, 547.

[21] G.S. Frysinger, R.B. Gaines, *J. High Resolut. Chromatogr.* **1999**, *22*, 251.

[22] G.S. Frysinger, R.B. Gaines, C. Reddy, *Environ. Forensics* **2002**, *3*, 27.

[23] V.N. Bui, G. Toussaint, D. Laurenti, C. Mirodatos, C. Geantet, *Catal. Today* **2009**, *143*, 172.

[24] T.C. Farrar, E.D. Becker, *Pulse and Fourrier Transform NMR, Introduction to Theory and Methods*; Academic Press: New York, **1971**.

Chapitre III
Optimisation du traitement thermique d'activation des catalyseurs

III.1. Introduction 55

III.2. Caractérisation structurale des catalyseurs par microscopie électronique en transmission 55

III.3. Analyse thermogravimétrique et spectrométrique 57
    III.3.1. Décomposition d'acacH sous différentes atmosphères 57
    III.3.2. Décomposition de Ir(acac)$_3$ sous différentes atmosphères 59

III.4. Diffraction des rayons X *in situ* 63
    III.4.1. Activation des catalyseurs par calcination suivie d'une réduction 63
    III.4.2. Activation des catalyseurs par réduction directe 65

III.5. Conclusion 67

III.1. Introduction

A l'issue de l'étape d'imprégnation de la silice-alumine amorphe (ASA) par le précurseur acétylacétonate, il est nécessaire d'éliminer la totalité des ligands organiques dans le but d'amener le catalyseur à l'état métallique.

$IrCl_3$ [1, 2], H_2IrCl_6 [3], $Ir_4(CO)_{12}$ [4-7] et $Ir(acac)_3$ [8, 9] ont été utilisés comme précurseurs durant la préparation de catalyseurs à base d'iridium par imprégnation de différents supports tels que Al_2O_3, SiO_2 et MgO. Les acétylacétonates de métaux de transition sont des précurseurs efficaces pour préparer des catalyseurs à haut degré de dispersion et de stabilité thermique [10], mais dans le cas d'iridium préparé par calcination suivi d'une réduction à partir de $Ir(acac)_3$, des gros agglomérats de Ir ont été formé [11]. Au cours de notre étude sur Ir/ASA préparé à partir de Ir(III) tris-acétylacétonate ($Ir(C_5H_7O_2)_3$ ou $Ir(acac)_3$), nous avons remarqué la grande influence du traitement de post-imprégnation sur la dispersion et la sélectivité du catalyseur.

Nous avons donc suivi la décomposition des acétylacétonates sur ASA (SIRAL-40) sous argon et sous atmosphères oxydante et réductrice, par analyse thermogravimétrique couplée à la spectrométrie de masse (TG-DTA-MS) et par diffraction des rayons X *in situ*. Nous présentons aussi brièvement des résultats TEM afin de mieux comprendre et appuyer les études *operando*.

III.2. Caractérisation structurale des catalyseurs par microscopie électronique en transmission

La figure III-1 montre des images de microscopie électronique en transmission (TEM) des catalyseurs résultant de deux méthodes de préparation et les histogrammes de tailles correspondantes. Les distributions de taille ont été obtenues à partir du traitement statistique des micrographies, en analysant 300 à 500 particules pour chaque échantillon. Pour un traitement par calcination suivi d'une réduction à 350 °C (C350R350), de petites particules (de diamètre d = 1,4 ± 0,2 nm) coexistent avec de plus grandes particules, polycristallines (d = 8 ± 4 nm). En revanche, le traitement de réduction directe à 350 °C (R350) mène à une distribution de taille homogène avec d = 1,4 ± 0,2 nm. Ainsi, les particules dans la préparation R350 ont la même taille que les petites dans C350R350 (1,4 nm).

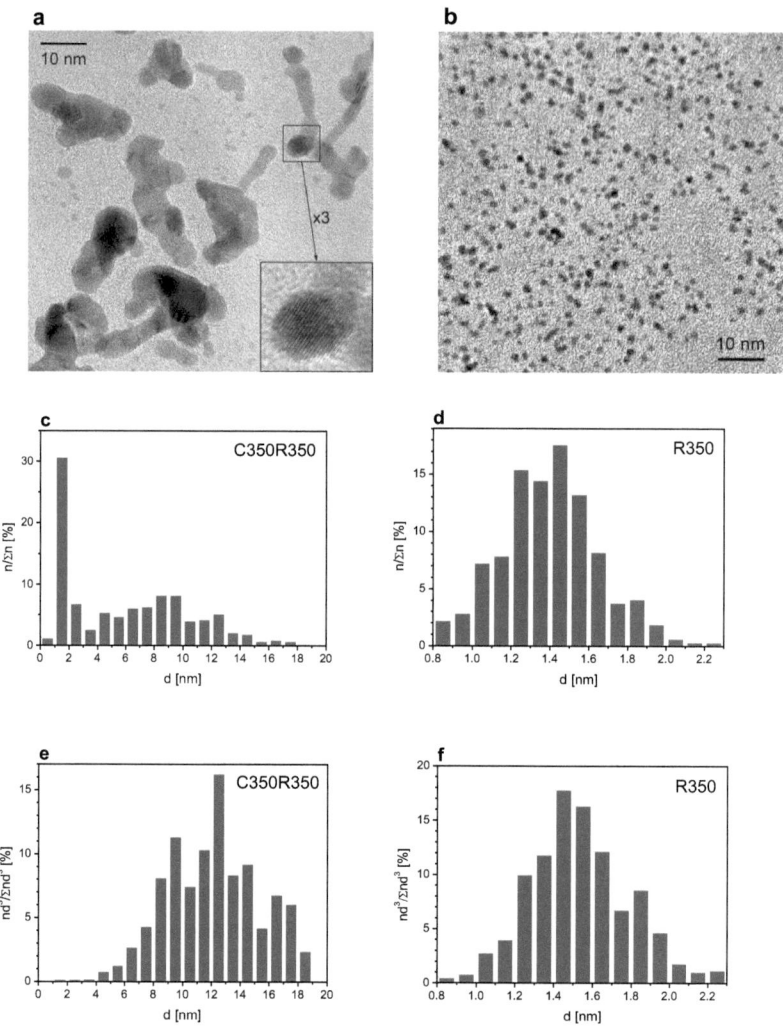

Figure III-1 : Images TEM de Ir/SA préparé par C350R350 (a), R350 (b) et histogrammes de taille « numérique » et « volumique » correspondants (c-f).

Ces résultats, qui seront rationalisés dans les sections suivantes, sont en accord avec les conclusions de travaux antérieurs utilisant le précurseur Ir-acétylacétonate. Locatelli et coll. ont imprégné une silice de Ir(acac)$_3$ et ont obtenu une distribution de taille étroite, centrée autour de 1,5 nm (pour 0,64 % en poids de Ir) après réduction directe sous flux d'hydrogène à 350 °C, tandis que la calcination sous flux d'oxygène à 350 °C suivie d'une réduction à la même température a conduit à une distribution de taille plus large avec de gros agrégats de particules [8]. Silvennoinen et coll. ont utilisé un dépôt de couches atomiques de Ir(acac)$_3$ sur alumine et silice-alumine (les charges de Ir étaient de 7% en poids) et ont obtenu des particules de taille inférieure à 2 nm (estimée à partir de l'absence de signal XRD) après la réduction directe sous hydrogène et de plus grosses particules après calcination sous oxygène suivie d'une réduction [9].

III.3. Analyse thermogravimétrique et spectrométrique

L'analyse thermogravimétrique (TG-DTA) couplée à la spectrométrie de masse (MS) a permis de suivre précisément la décomposition des ligands du précurseur sous diverses atmosphères.

Différents traitements thermiques de Ir(acac)$_3$ imprégné sur ASA ont été comparés, en fonction de la nature du gaz utilisé: air synthétique (20% O$_2$ + N$_2$), 20% O$_2$ + Ar, 5% H$_2$ + Ar ou Ar pur. Le traitement réducteur en utilisant H$_2$ a également été appliqué à Ir/ASA pré-calciné afin d'imiter le processus complet de préparation C350R350. En outre, l'expérience à l'air a également été réalisée sur ASA pur afin de quantifier les variations de masse, sans la contribution intrinsèque du support. Les traitements sous O$_2$ (20% O$_2$ + Ar ou 20% O$_2$ + N$_2$) et H$_2$ (5% H$_2$ + Ar) ont également été appliqués à l'acétylacétone (acacH), dans le but de les comparer à Ir(acac)$_3$. Selon des travaux antérieurs, acacH réagit avec les espèces de surface de l'alumine en formant Al-acac$_x$, mais il ne réagit pas avec les groupements de surface de la silice [9, 12].

III.3.1. Décomposition d'acacH sous différentes atmosphères

Pour tous les échantillons et traitements, les premières déshydratations et déshydroxylations se produisent entre la température ambiante et 200 °C (pic ΔT à 60-70 °C), correspondant à une perte de masse relative de 4% à 8%, en fonction de l'histoire de l'échantillon.

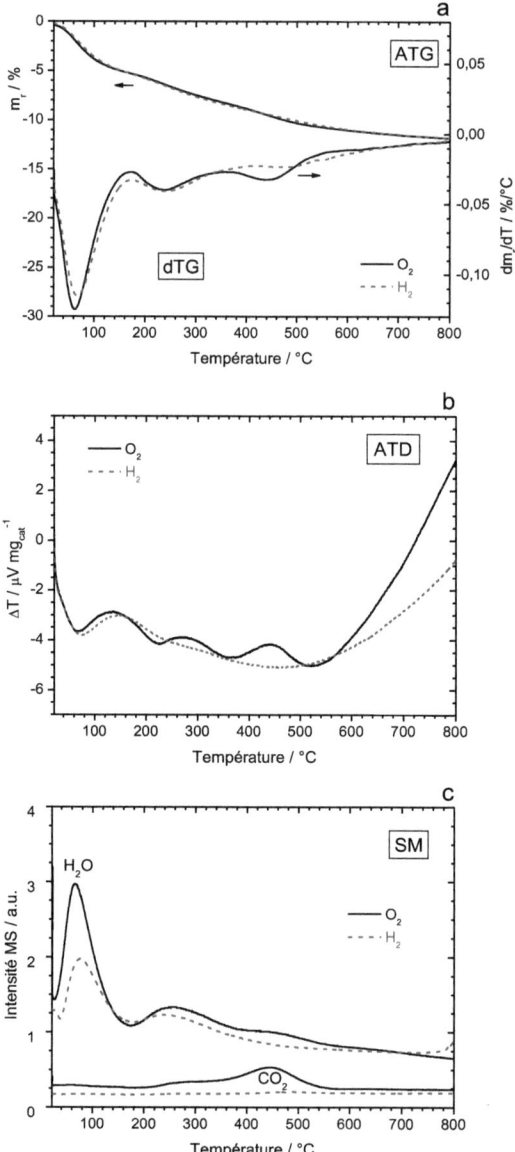

Figure III-2 : Suivi de la décomposition d'acacH sur ASA par TG-DTA-MS en fonction de la température sous différentes atmosphères. m_r et ΔT désignent respectivement la masse et la température relatives de l'échantillon.

Les résultats observés sur acacH sous H_2 et sous air montrent des similitudes en termes de variation de masse (Figure III-2) et tableau III-1. Toutefois, dans la décomposition à l'air il semble que la combustion d'acacH (formation exothermique de CO_2 et H_2O) se produise en deux étapes, autour de 240 °C (plus d'eau) et de 440 °C (plus de CO_2). Dans le cas du traitement sous H_2, le phénomène principal est la désorption d'eau à environ 245 °C, suivie d'une désorption lente de CO_2 autour de 480 °C et au-delà. L'expérience a également été réalisée en utilisant 20% O_2/Ar au lieu de 20% O_2/N_2, et a donné les mêmes résultats.

III.3.2. Décomposition de Ir(acac)$_3$ sous différentes atmosphères

Le traitement thermique de Ir(acac)$_3$/ASA sous air (figure III-3 et tableau III-1) conduit à une perte de masse rapide (de 3% de la masse initiale) à 297 °C, accompagnée d'une production fortement exothermique de CO_2 (pic MS: m/z = 44) et de H_2O (m/z = 18) attribuée à la combustion des ligands acac. De même, Locatelli et coll. ont montré par spectroscopie infrarouge que la décomposition de Ir(acac)$_3$ à 300 °C pré-adsorbé sur une silice produit par oxydation complète (0,4 O_2 bar, atmosphère statique) des groupes acac les composés CO, CO_2, carbonates et H_2O [8]. Une expérience sous O_2/Ar, évitant ainsi le masquage du pic m/z = 28 par l'ionisation de N_2, a montré que CO n'est pas formé dans notre cas. La différence entre la décomposition d'acacH (en 2 étapes) et de Ir(acac)$_3$ (en une seule étape) semble provenir de la combustion de Ir(acac)$_3$ catalysée par Ir.

L'application d'un traitement thermique sous H_2 sur le catalyseur déjà calciné conduit à une formation d'eau exothermique à 199-206 °C, due à la réduction de l'oxyde d'iridium ($IrO_2 + 2H_2 \rightarrow Ir^0 + 2H_2O$), en accord avec les conclusions de Föger et Jaeger [13].

Dans le cas du traitement direct sous H_2 de l'échantillon imprégné, la décomposition de Ir(acac)$_3$ par hydrogénolyse se produit progressivement, avec deux étapes marquées : (1) à partir de 230 °C, formation de propane (m/z = 29), méthane (m/z = 16) et eau sans transfert de chaleur détectable (3% de perte de masse), (2) à 330 °C, augmentation de la désorption du méthane et production d'une petite quantité d'eau jusqu'à 450-500 °C. La dernière étape montre une faible exothermicité (pic ΔT à 358 °C) et 1% de perte en masse. Dans leur étude de réduction à température programmée de Ir(acac)$_3$ déposé sous forme d'une couche atomique sur une silice-alumine amorphe (7% en poids), Silvennoinen et coll. ont obtenu des températures similaires pour la décomposition réductrice de Ir(acac)$_3$. Ils ont proposé que la réduction puisse tout d'abord affecter des espèces Ir-acac$_x$ provenant de la réaction d'échange des ligands de Ir(acac)$_3$ avec des groupes OH, puis (au-delà de 400 °C) des espèces Al-acac$_x$ formées par la réaction de Ir(acac)$_3$ avec l'alumine de l'ASA [9].

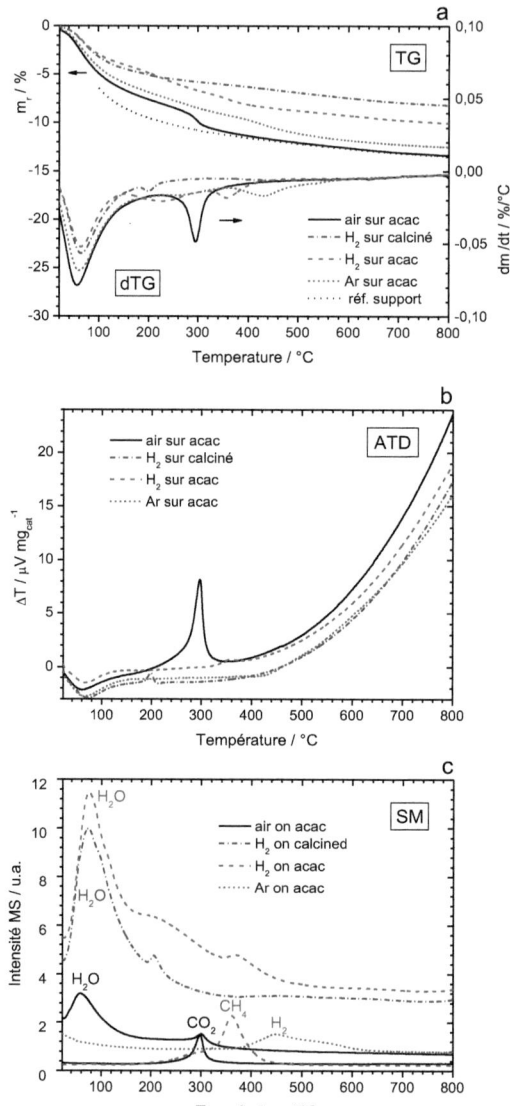

Figure III-3 : Suivi de la décomposition de Ir(acac)$_3$ sur ASA par TG-DTA-MS en fonction de la température sous différentes atmosphères.

Dans leur étude par spectroscopie infrarouge de la décomposition réductrice de Ir(acac)$_3$ sublimé sur une plaquette de SiO$_2$ pré-déshydroxylée, Locatelli et coll. ont mis en évidence la présence de CO adsorbé et de CO$_2$ et H$_2$O gazeux à 200 °C, puis d'acétylacétone adsorbé, de CO$_2$ et d'alcanes (méthane, éthane et propane, identifiés par chromatographie en phase gazeuse) à 300 °C [8]. Dans le cas de notre support, les données de MS montrent des quantités relativement faibles de CO et de CO$_2$ et une prévalence importante de méthane parmi les alcanes formés. Les différences avec notre étude proviennent très probablement des conditions spécifiques (0,3 bar de H$_2$ statique) et du type de support utilisés par les auteurs.

Nos résultats MS sont également différents de ceux concernant Pd(acac)$_2$ en interaction avec SiO$_2$ et MgO [14]. Avec ce précurseur, le méthane n'est pas formé, mais des alcools (2,4-diol, 2-propanol) et/ou de cétones (acétylacétone, 2-propanone) sont formés lors d'expériences de décomposition réductrice en température programmée. Il est bien connu que l'iridium est l'un des métaux les plus efficaces pour catalyser l'hydrogénolyse. Cela peut expliquer pourquoi, contrairement au cas de Pd(acac)$_2$, aucun gros fragment oxygéné n'a été détecté lors de la décomposition thermique réductrice de Ir(acac)$_3$ sur ASA. Une hydrogénolyse profonde de Ir(acac)$_3$, également favorisée par l'acidité du support [14], conduit probablement à CO, CH$_x$ et C adsorbés sur le métal, qui sont ensuite convertis en méthane et en eau par hydrogénation. En effet, la méthanation peut également être catalysée par les nanoparticules de Ir [15], qui sont déjà observées par diffraction des rayons X *in situ* à une température plus basse que 200 °C (étude détaillée dans la partie suivante).

Il est intéressant de comparer les résultats de Ir(acac)$_3$ avec ceux d'acacH dans les mêmes conditions. Dans ce dernier cas, nous observons (figure III-2c) que les espèces carbonées du solide sont désorbées très lentement et dans toute la gamme de température, avec un large pic principal de CO$_2$ autour de 480 °C. Cela confirme l'hypothèse que, dans le cas de Ir(acac)$_3$, l'iridium agit comme un catalyseur de décomposition (autocatalyse).

Enfin, afin de vérifier la nécessité d'utiliser un gaz réactif (de réduction ou d'oxydation) dans le traitement thermique, l'argon pur a également été utilisé. Dans ce cas, Ir(acac)$_3$ se décompose très lentement au-delà de 360 °C principalement en H$_2$ (m/z = 2, centré à 448 °C). En outre, CH$_4$ (pics à 280 °C et à 430 °C), CO (pic à 425 °C) et CO$_2$ (pics à 450 °C et à 560 °C) sont visibles sous forme de traces (ils ne sont pas représentés dans la figure III-2), ce qui indique que du carbone et de l'oxygène pourraient encore être présents à la surface du métal à la fin de la rampe de chauffage. Cela est cohérent avec la faible valeur de la perte de masse mesurée (2%, déshydratation initiale non incluse) par rapport à celle mesurée au cours des traitements réactifs (3-4%).

La valeur absolue de la variation de masse au sein de la gamme choisie (tableau III-1) est trouvée supérieure à la masse réelle des ligands (297 g.mol^{-1}, 1,3 % acac pour 0.88 % Ir en poids). Cela est dû à la diminution constante de la masse de catalyseur pendant le chauffage, attribuée à la déshydratation progressive du support. Toutefois, après soustraction de cette contribution (TG sur ASA pur sous air, figure III-3a), nous obtenons une valeur proche de la masse des ligands acac: $\Delta m = -1,5\%$ (de 220 °C à 350 °C) pour le traitement oxydant.

Tableau III-1 : Résultats TG-DTA-MS (Endo : endothermique ; Exo : exothermique ; deH$_2$O : déshydratation ; deOH : déshydroxylation ; Décomp. : décomposition)

Système et atmosphère	Intervalle temp. pour calcul Δm	Variation de masse Δm (temp. du pic dm/dt)	Effet thermique (temp. du pic ΔT)	Attribution
acacH/ASA 20% O$_2$ + N$_2$	TA – 170 °C	-5.3 % (62 °C)	Endo. (67 °C)	deH$_2$O / deOH
	170 °C – 360 °C	-2.1 % (240 °C)	Endo. & exo.	Décomp. acacH
	360 – 560 °C	-1.7 % (440 °C)	Exo. (440 °C)	Décomp. acacH
acacH/ASA 5% H$_2$ + Ar	TA – 170 °C	-5.3 % (68 °C)	Endo. (76 °C)	deH$_2$O / deOH
	170 – 360 °C	-2.3 % (240 °C)	Endo. (245 °C)	Décomp. acacH
	360 – 640 °C	-2.0 % (480 °C)	Non détecté	Décomp. acacH
Ir(acac)$_3$/ASA 20% O$_2$ + N$_2$	TA – 220 °C	-7.9 % (58 °C)	Endo. (60 °C)	deH$_2$O / deOH
	220 – 350 °C	-2.9 % (297 °C)	Exo. (297 °C)	Décomp. acac
Ir/ASA calciné 5% H$_2$ + Ar	TA – 180 °C	-4.8 % (66 °C)	Endo. (71 °C)	deH$_2$O / deOH
	180 – 230 °C	-0.7 % (200 °C)	Exo. (199 °C)	Réduction oxyde
Ir(acac)$_3$/ASA 5% H$_2$ + Ar	TA – 150 °C	-4.0 % (66 °C)	Endo. (67 °C)	deH$_2$O / deOH
	150 – 320 °C	-3.0 % (229 °C)	Non détecté	Décomp. acac
	320 – 420 °C	-1.3 % (358 °C)	Exo. (358 °C)	Décomp. acac
Ir(acac)$_3$/ASA Ar	TA – 220 °C	-7.2 % (62 °C)	Endo. (66 °C)	deH$_2$O / deOH
	370 – 580 °C	-2.4 % (433 °C)	Non détecté	Décomp. acac

III.4. Diffraction des rayons X *in situ*

Après avoir caractérisé spécifiquement le processus de décomposition du précurseur par TG-DTA-MS et identifié les températures de décomposition pertinentes, nous avons utilisé la diffraction des rayons X *in situ*, combinée avec des traitements thermiques très similaires aux précédents, afin d'obtenir des informations sur la formation des nanoparticules de Ir.

III.4.1. Activation des catalyseurs par calcination suivie d'une réduction

La figure III-4 montre les résultats de diffraction de l'expérience de calcination suivie d'une réduction. Un diffractogramme du support est utilisé comme référence (figure III-4a). Pour le support imprégné, un premier diffractogramme a été enregistré à température ambiante sous flux d'air. Ensuite, l'échantillon a été chauffé sous air jusqu'à 350 °C, température à laquelle un second diffractogramme a été enregistré après 1 h de stabilisation. Malgré la faible teneur massique en iridium (1%), les raies de diffraction IrO_2 (structure rutile) apparaissent clairement sur la figure III-4a.

Ensuite, l'échantillon a été refroidi sous air jusqu'à température ambiante et balayé avec N_2 avant l'introduction de l'hydrogène. Puis l'échantillon a été réchauffé à 350 °C sous H_2 et un troisième diffractogramme a été enregistré après 1 h. Ir métallique (Ir^0) a maintenant remplacé IrO_2, c'est-à-dire que l'oxyde a été complètement réduit après l'exposition à H_2 à 350 °C. A titre de comparaison, la figure III-4a montre aussi un diffractogramme enregistré à température ambiante à l'air après le traitement thermique. La figure III-4b montre des diffractogrammes simulés déduits de ceux de la figure III-4a, en utilisant la méthode de Rietveld. Il résulte de cette analyse que les tailles moyennes apparentes des particules sont de 5,6 nm, 3,4 nm et 2,8 nm après calcination sous air à 350 °C, réduction sous H_2 à 350 °C et exposition à l'air à température ambiante, respectivement.

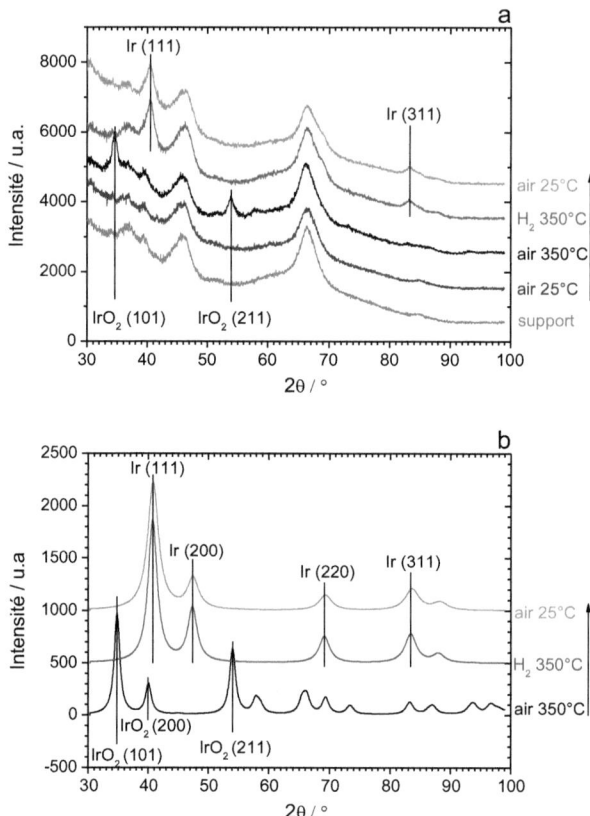

Figure III-4 : (a) Diffractogrammes obtenus sous air ou H_2 à 25 °C ou 350 °C ; (b) Diffractogrammes pour les phases Ir et IrO_2 extraits de (a) à l'aide de la méthode de Rietveld.

La diminution de la taille des particules de 5,6 à 3,4 nm semble trop grande pour être uniquement liée à la réduction de l'oxyde. En effet, une taille finale de 4,3 nm pour les particules Ir serait attendue après une simple réduction des particules IrO_2 de 5,6 nm (le calcul a été fait en supposant des particules sphériques et en utilisant les volumes molaires de Ir 8,52 cm^3 et IrO_2 19,2 cm^3). Cela suggère qu'une redispersion d'iridium a pu se produire lors de la réduction, comme dans le cas de Ir/SiO_2 après un cycle d'oxydo-réduction [16]. Une diminution de taille similaire après calcination-réduction de Ir/ASA a été observée par Silvennoinen et coll. par XRD [9].

La valeur de 3,4 nm doit être comparée avec la taille pondérée par le volume déterminée par TEM (12 ± 4 nm). Cette différence est cohérente avec le fait que les grosses particules de cet échantillon sont polycristallines, et résultent de l'agglomération de petits cristaux (figure III-1a). Enfin, la diminution de la taille apparente de 3,4 à 2,8 nm par exposition de l'échantillon à l'air à température ambiante est due à un désordre structural partiel du réseau atomique des particules, dû à la chimisorption et la diffusion d'oxygène.

III.4.2. Activation des catalyseurs par réduction directe

La figure III-5 montre les résultats d'une expérience de réduction directe. L'échantillon imprégné a été exposé à H_2 et chauffé progressivement jusqu'à 700 °C. A partir de 200 °C et au-delà, un diffractogramme a été enregistré tous les 50 ou 100 °C.

La figure III-5a montre une série de diffractogrammes calculés pour le métal par la méthode de Rietveld et la figure III-5b représente la taille moyenne des particules en fonction de la température. La taille des particules de Ir augmente progressivement entre la température ambiante et 300 °C. Au dessus de 300 °C, la croissance des particules ralentit et la taille des particules reste quasi constante (1,2 nm) entre 500 et 700 °C. Ce comportement est en accord avec les résultats de TG-DTA-MS montrant que l'ensemble du processus de décomposition/désorption est terminé à 450-500 °C. Le retour à la température ambiante sous H_2 n'affecte pas la taille moyenne des particules. Toutefois, lorsque H_2 est remplacé par l'air (pendant 4 h), on observe une diminution de la taille apparente (qui devient égale à 0,7 nm, figure 6b), comme dans l'expérience précédente.

Le catalyseur réduit a été laissé à l'air à température ambiante pendant plusieurs jours et une expérience supplémentaire a été réalisée. Aucune taille n'a pu être déterminée sous air, montrant que le désordre structural avait affecté l'ensemble du volume des particules. La diffusion de l'oxygène dans le volume est un processus probable puisque ces petites particules contiennent très peu d'atomes. Par exemple, un cuboctahèdre d'iridium de diamètre 1,6 nm, contenant idéalement 147 atomes, est constitué de seulement 3 couches compactes autour de l'atome central [17].

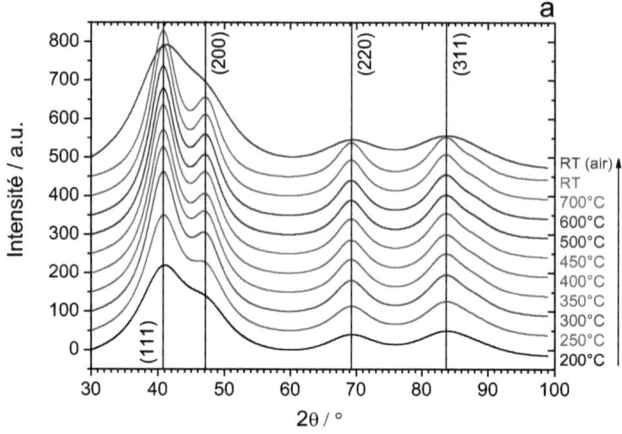

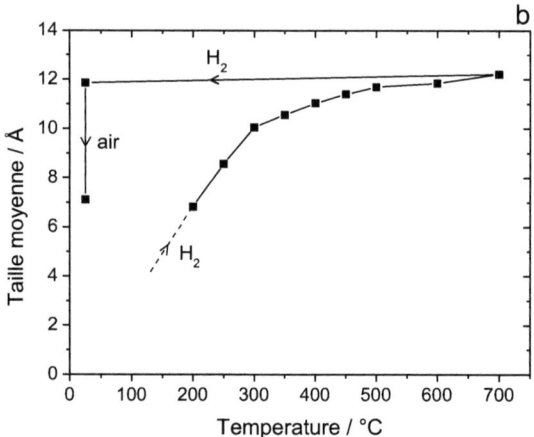

Figure III-5 : (a) Série de diffractogrammes calculés pour un traitement sous H₂ à différentes températures ; (b) Taille moyenne des particules en fonction de la température de réduction.

Après cette expérience sous air, l'échantillon a été exposé à H$_2$ à température ambiante et une taille apparente de 1,1 nm, correspondant à des nanoparticules métalliques a été déduite de l'analyse XRD. Cela signifie que la chimisorption de l'hydrogène sur les particules de Ir et la réaction avec l'oxygène a conduit à la remise en ordre de la structure métallique. Cela montre aussi que la mise en désordre du réseau à température ambiante sous air n'a pas été associée à la formation d'un véritable oxyde de Ir. En fait, les expériences TG-DTA-MS ont montré que la réduction de l'oxyde se produisait uniquement à 200 °C. Quoi qu'il en soit, la formation de l'oxyde de Ir n'est pas observée en dessous de 300 °C [15]. Un chauffage à 100 °C (toujours sous H_2) conduit à une taille de nanoparticules de 1,3 nm, une valeur qui n'évolue plus au-dessus de 100 °C. La différence de 0,1 nm entre cette valeur et la précédente (1,2 nm) est incluse dans l'erreur expérimentale de notre méthode.

La taille finale moyenne obtenue à partir des modèles de simulation (1,2 à 1,3 nm) est en bon accord avec la valeur tirée de l'analyse statistique des images TEM (taille volumique moyenne 1,5 ± 0,2 nm). Il convient de noter que les analyses classiques de diffraction des rayons X sur des échantillons de Ir réduit contenant des particules de moins de 2 nm (comme dans notre cas) n'ont pas été en mesure d'identifier l'iridium métallique [9], démontrant la pertinence de notre méthodologie, basée sur la méthode du Rietvield, pour caractériser les catalyseurs métalliques à l'échelle de 1 nm.

III.5. Conclusion

Le traitement oxydant induit une combustion des ligands acac en dioxyde de carbone et en eau à 300 °C. La forte chaleur qui accompagne ce processus est responsable d'une migration des atomes et des particules Ir. En outre, Ir est oxydé en IrO_2, qui a une forte tendance à s'agglomérer [8, 12, 15]. Une réduction ultérieure, qui se produit à 200 °C, aboutit à la formation de petites particules de Ir (taille moyenne 1,4 nm) et d'agglomérats polycristallins sur le support.

En revanche, la décomposition réductrice directe de Ir(acac)$_3$ en méthane, propane et eau se fait progressivement dans la gamme de température 250-450 °C. La taille des nanoparticules de Ir croit régulièrement jusqu'à 1,0 nm, de la température ambiante à 300 °C, et atteint sa valeur finale (1,2 nm par XRD, 1,5 nm par TEM) à environ 500 °C. Contrairement, par exemple, au cas de l'acétylacétonate de Pd, aucunes cétones ou alcools n'ont été détectés en phase gazeuse, en raison de la capacité hydrogénolysante des nanoparticules de Ir.

La réduction directe sous H_2 constitue le traitement idéal pour la préparation de catalyseurs à base de Ir bien dispersés. Bien que nos résultats montrent que le processus de décomposition réductrice ait lieu jusqu'à 500 °C, la réduction sous H_2 à 350 °C (pendant plusieurs heures) est en fait suffisante, car la réduction à des températures plus élevées n'augmente ni l'activité ni la dispersion des catalyseurs (chapitre V). La préparation R350 constituera donc notre traitement de référence dans la suite de l'étude.

Nous avons également montré qu'un traitement thermique sous gaz neutre conduisait principalement à la formation de H_2 jusqu'à 650 °C et ne parvient pas à supprimer complètement les ligands acac de la surface.

Références

[1] B.J. Kip, J. Van Grondelle, J.H.A. Martens, R. Prins, *Appl. Catal.* **1986**, *26*, 353.

[2] B.J. Kip, F.B.M. Duivenvoorden, D.C. Koningsberger, J.H.A. Martens, R. Prins, *J. Catal.* **1987**, *105*, 26.

[3] D.S. Cunha and G.M. Cruz, *Appl. Catal. A* **2002**, *236*, 55.

[4] K. Tanaka, K.L. Watters and R.F. Howe, *J. Catal.* **1982**, *75*, 23.

[5] O. Alexeev and B.C. Gates, *J. Catal.*, **1998**, *176*, 310.

[6] S. Mary, C. Kappenstein, S. Balcon, S. Rossignol, E. Gengembre, *Appl. Catal. A* **1999**, *182*, 317.

[7] F.S. Lai and B.C. Gates, *Nano Lett.* **2001**, *1*, 583.

[8] F. Locatelli, B. Didillon, D. Uzio, G. Niccolai, J.P. Candy, J.M. Basset, *J. Catal.* **2000**, *193*, 154.

[9] R.J. Silvennoinen, O.J.T. Jylhä, M. Lindblad, H. Österholm, A.O.I. Krause, *Catal. Lett.* **2007**, *114*, 135.

[10] J. P. Bournonville, J. Cosyns, S. Vasudevan, *Fr. Pat.* 2505205, 1981; *US. Pat.* 4431574, **1984**.

[11] S. Casu, thèse 152-08 Université Lyon 1, **2008**.

[12] A.R. van Veen, G. Jonkers, W.H. Hesselink, *J. Chem. Soc.- Faraday Trans. 1* **1989**, *85*, 389.

[13] K. Foger, H. Jaeger, *J. Catal.* **1981**, *70*, 53.

[14] V. Dal Santo, L. Sordelli, C. Dossi, S. Recchia, E. Fonda, G. Vlaic, R. Psaro, *Thermochim. Acta* **1998**, *317*, 157.

[15] M.P. Andersson, T. Bligaard, A. Kustov, K.E. Larsen, J. Greeley, T. Johannessen, C.H. Christensen, J.K. Nørskov, *J. Catal.* **2006**, *239*, 501.

[16] T. Wang and L.D. Schmidt, *J. Catal.* **1980**, *66*, 301.

[17] R. Van Hardeveld, F. Hartog, *Surf. Sci.*, **1969**, *15*, 189.

Chapitre IV
Influence de l'acidité du support et de l'ajout de palladium

IV.1. Influence de l'acidité du support 73
    IV.1.1. Introduction 73
    IV.1.2. Caractérisation des supports 73
        IV.1.2.1. Composition chimique 73
        IV.1.2.2. Propriétés texturales 74
        IV.1.2.3. Morphologie 75
        IV.1.2.4. Acidité 76
    IV.1.3. Caractérisation de la phase métallique 79
    IV.1.4. Performances catalytiques 81
        IV.1.4.1. Activité et sélectivité 81
        IV.1.4.2. Réversibilité de l'empoisonnement par le soufre 82
        IV.1.4.3. Ordre par rapport à H_2S 83

IV.2. Influence de l'ajout de palladium 86
    IV.2.1. Introduction 86
    IV.2.2. Caractérisation des catalyseurs Ir-Pd 87
        IV.2.2.1. Catalyseurs calcinés-réduits 88
        IV.2.2.2. Catalyseurs réduits 91
    IV.2.3. Performances des catalyseurs Ir-Pd 94
        IV.2.3.1. Effet de la préparation sur l'activité et la sélectivité 94
        IV.2.3.2. Effet de la concentration de H_2S sur l'activité 96
        IV.2.3.3. Effet de la concentration de H_2S sur la sélectivité 97
        IV.2.3.4. Ordre par rapport à H_2S 98

IV.3. Conclusion 100

IV.1. Influence de l'acidité du support

IV.1.1. Introduction

Les silices-alumines amorphes (ASA : *amorphous silica-alumina*) sont largement utilisées dans le raffinage pétrolier et constituent notamment des supports importants en catalyse d'hydrocraquage [1], et plus généralement en catalyse acide [2-5], et en association avec des métaux nobles (Pt ou Pt-Pd) dans les réactions d'hydrogénation et d'hydrodésazotation [6, 7]. Ces solides, dans lesquels se combinent acidités de Lewis (LAS) et de Brönsted (BAS), constituent des supports à acidité modulable selon le pourcentage de silice introduit. Des travaux récents montrent que les ASA contiennent des sites de Brönsted de force comparable à celle de catalyseurs zéolithiques, la faible acidité globale des ASA provenant uniquement de leur concentration en BAS, beaucoup plus faible que dans les zéolithes [8-12].

Afin de mieux comprendre l'influence de l'acidité du support sur les performances catalytiques en ouverture et contraction de cycle, cette partie sera consacrée à l'évaluation de solides à base d'iridium supporté sur une série de silices-alumines amorphes (SIRAL) d'acidité variable. En complément, $Ir/\gamma\text{-}Al_2O_3$ (259 $m^2.g^{-1}$) et Ir/SiO_2 (540 $m^2.g^{-1}$) ont aussi été testés.

IV.1.2. Caractérisation des supports

IV.1.2.1. Composition chimique

Le rapport Si/Al de nos supports a été déterminé par ICP-OES. Les résultats de ces analyses sont présentés dans le tableau IV-1 et sont en accord avec les données du fournisseur (chiffre indiqué après SIRAL), même si de légères différences sont observées entre les valeurs mesurées et les spécifications du fournisseur.

Tableau IV-1 : Composition des supports silice-alumine.

Nomenclature	Teneur en SiO$_2$ (% massique) indiquée/mesurée	Si/Al (rapport atomique) indiqué/mesuré
SIRAL-5	5/5	0,045/0,045
SIRAL-10	10/10	0,094/0,094
SIRAL-30	30/23	0,36/0,25
SIRAL-40	40/36	0,57/0,48
SIRAL-70	70/69	2,0/1,9

IV.1.2.2. Propriétés texturales

L'analyse des propriétés texturales a été réalisée par physisorption d'azote. Les résultats de ces analyses sont présentés dans le tableau IV-2. Les silices-alumines présentent des caractéristiques similaires en termes d'aire spécifique, volume poreux et diamètre moyen de pore (à l'exception de SIRAL-70, de porosité plus faible).

Tableau IV-2 : Propriétés texturales des supports.

Support	Taille moyenne des grains (µm)	Aire BET (m^2.g^{-1})	Volume poreux (mL.g^{-1})	Diamètre moyen des pores (nm)
SIRAL5	50	404	0.70	6,6
SIRAL10	50	427	0.75	6,1
SIRAL30	50	463	0.80	6,3
SIRAL40	50	423	0.90	6,4
SIRAL70	12	419	0.27	3,6

Par ailleurs, la figure IV-1 présente l'isotherme complète et la distribution poreuse pour le support SIRAL-10. Cette isotherme, caractéristique des solides mésoporeux, est représentative de celles obtenues pour les autres silices-alumines de la série.

Chapitre IV : Influence de l'acidité du support et de l'ajout de palladium

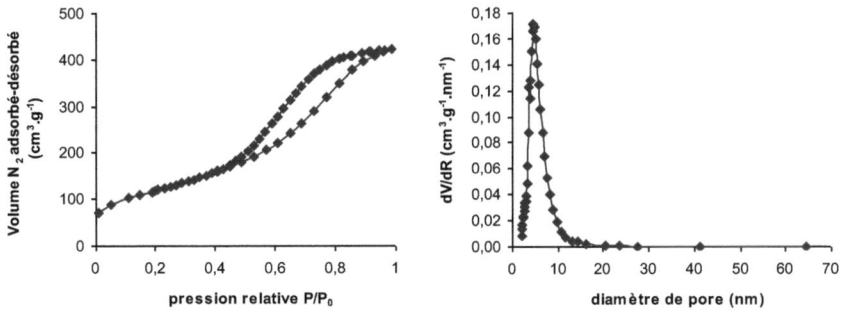

Figure IV-1 : Isotherme d'adsorption d'azote et distribution poreuse pour le support SIRAL-10.

IV.1.2.3. Morphologie

Les figures IV-2a et IV-2b montrent, respectivement, les morphologies externe (échantillon brut) et interne (échantillon poli) du support SIRAL-40 observées par microscopie électronique à balayage.

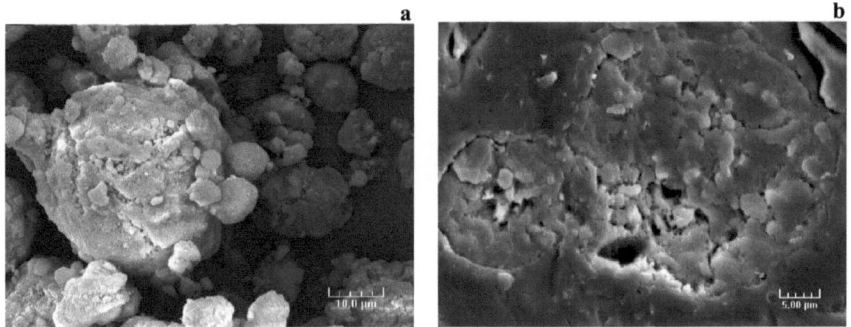

Figure IV-2 : Images SEM de SIRAL-40 brut (a) et poli (b).

Nous avons essayé d'identifier les hétérogénéités de composition de l'échantillon par cartographie EDX. L'alumine et la silice sont distribuées de manière homogène dans le grain à l'échelle du micron, comme le montrent la figure IV-3a (carte Al) et la figure IV-3b (carte Si). Cependant, l'analyse EDX de l'échantillon poli révèle l'hétérogénéité de composition à plus petite échelle, comme le montre la figure IV-4.

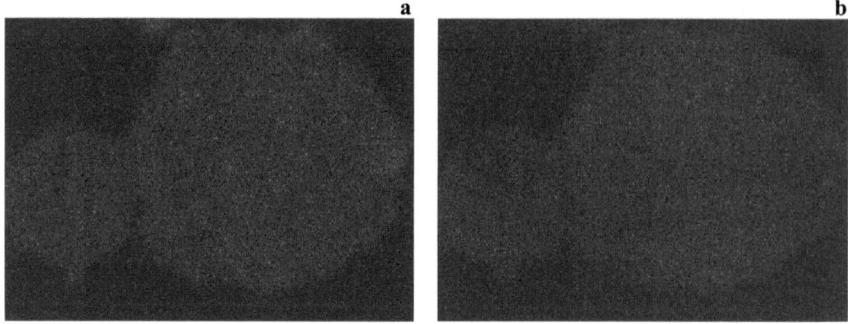

Figure IV-3 : Cartographie EDX de Al (a) et Si (b) pour la même zone que celle représentée à la Figure IV-2b.

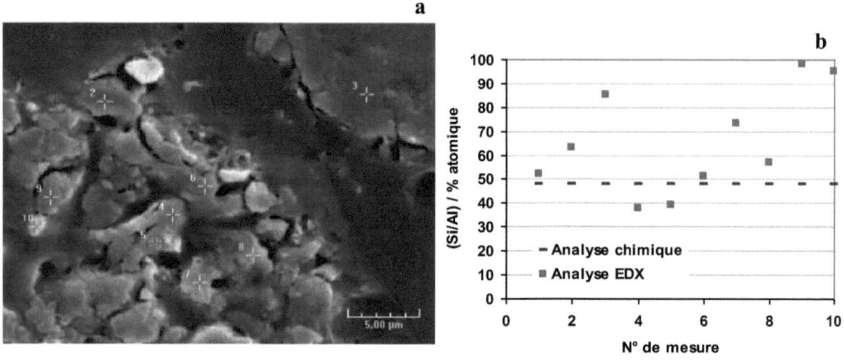

Figure IV-4 : Image SEM de SIRAL-40 poli (a) et rapport atomique Si/Al mesuré par analyse EDX (b) en différents points, représentés par des croix jaunes sur la figure (a).

IV.1.2.4. Acidité

Par spectroscopie d'absorption infrarouge (FTIR), nous avons d'abord analysé la présence de groupements OH de surface, après désorption des ASA à 350 °C. Sur SIRAL-5 et 10, une bande à 3725 cm^{-1}, attribuable à des Al-OH isolés, est observée [5,8]. Dans le cas de SIRAL-30, 40 et 70, cette bande est remplacée par une bande plus fine centrée à 3743-3745 cm^{-1}, associée à des groupements Si-OH (silanol). Ainsi, à partir de 30% de silice, la surface de l'ASA apparaît riche en silice.

L'acidité de la série SIRAL a été analysée par adsorption-désorption de pyridine suivie par FTIR. La figure IV-5 présente les spectres obtenus pour le support SIRAL-40 aux différentes températures de désorption de la pyridine.

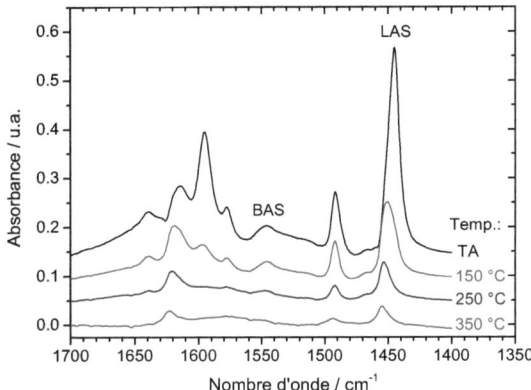

Figure IV-5 : Spectres IR obtenus à différentes températures de désorption de la pyridine pour le support SIRAL-40.

Les bandes d'absorption caractéristiques des espèces protonées PyH^+ (BAS, *Brönsted acid sites,* donneurs de protons) et coordonnées PyL (LAS, *Lewis acid sites,* accepteurs d'électrons), se situent respectivement vers 1545 et 1450 cm^{-1} [13]. Les autres bandes vibrationnelles correspondent à un mélange de ces deux contributions et sont difficilement exploitables.

La bande IR à 1620 cm^{-1} peut être décomposée en une première contribution à 1622 cm^{-1} associée à des LAS tétraédriques forts et une seconde à 1615 cm^{-1} associée à des LAS octaédriques d'acidité moyenne [8]. De même, le décalage de fréquence de la bande de 1450 à 1455 cm^{-1} quand la température de désorption de la pyridine augmente de 150 à 350 °C, et la présence de la bande 1455 cm^{-1} même après désorption à 350 °C, impliquent la coexistence de LAS faibles et forts sur SIRAL-40. La bande située à 1545 cm^{-1}, caractéristique de l'espèce pyridinium, disparaît progressivement lorsque la température de désorption augmente.

Afin de pouvoir comparer l'acidité des supports, la figure IV-6 rassemble les résultats de l'intégration des pics correspondant aux BAS et aux LAS, obtenus après désorption de la pyridine à trois températures pour les différentes ASA.[*]

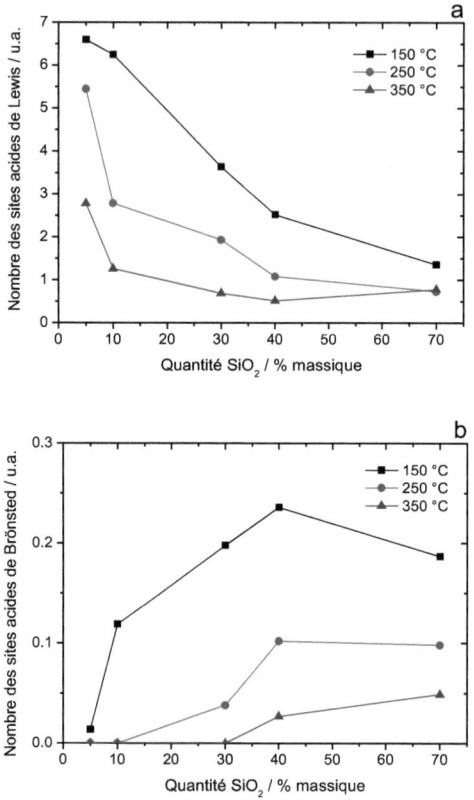

Figure IV-6 : Quantités relatives de sites acides de Lewis (a) et de Brönsted (b) pour les différents SIRAL après désorption de la pyridine à trois températures.

Les deux types de sites sont présents sur la série SIRAL pour des teneurs en silice comprises entre 10 et 40 % en masse. Seul le support SIRAL-5 contient une quantité significative de LAS très forts (pyridine adsorbée après désorption à 350 °C, figure IV-6a).

---

[*] Les valeurs des coefficients d'extinction publiés dans la littérature étant assez dispersées, nous avons choisi de reporter ici les données en échelle relative. Dans le chapitre V, afin d'évaluer le rapport entre sites acides et sites métalliques, nous utiliserons une estimation de la quantité de BAS sur SIRAL-40 calculée à partir de la valeur d'absorbance intégrée reportée sur la figure IV-6b pour une température de désorption de 150°C (0.24 cm^{-1}) et d'un coefficient d'extinction molaire de 1 cm μmol^{-1} pour la fréquence 1545 cm^{-1}.

Pour les ASA riches en alumine, les LAS sont des sites Al^{3+} de surface en position octaédrique (acidité moyenne), générés par le déshydroxylation partielle de l'alumine au cours de la pré-calcination à 550 °C [5]. L'ajout de silice conduit à la substitution des ions Al^{3+} par des ions Si^{4+} sur les sites tétraédrique de la structure, donnant naissance à une phase aluminosilicate d'"acidité accrue pour des compositions intermédiaires. Toutefois, avec l'augmentation de la teneur en silice, le SIRAL se compose de particules d'alumine progressivement encapsulée par de la silice pure, comme le montrent des mesures XPS [5] et FTIR [8]. Les LAS les plus abondants étant situés sur la phase alumine de l'ASA, leur quantité diminue lorsque la teneur en silice augmente, ce qui peut expliquer qualitativement les résultats de la figure IV-6a.

La concentration de BAS augmente avec la teneur en silice et atteint un maximum autour de 40 %. Ceci est en accord avec les résultats de Daniell et coll., qui ont étudié l'acidité de la gamme SIRAL par CO-FTIR [5]. Toutefois, dans leur cas, avec l'augmentation de la concentration de silice (60% et supérieure), l'acidité de Brönsted diminue fortement et se rapproche de celle de la silice pure. En revanche, l'acidité de Brönsted de notre SIRAL-40 telle que mesurée après désorption de pyridine à 150 °C, n'est que légèrement supérieure à celle de SIRAL-70 (figure IV-6b).

Les BAS seraient de deux types : groupes silanol terminaux avec une acidité modérée dans la phase silicique et groupes pontés Si-(OH)-Al (analogues à ceux présents dans les zéolithes) de plus forte acidité dans la phase aluminosilicate, qui est la plus abondante à la surface du SIRAL-40 [5]. Des silanols fortement acides au voisinage des atomes d'aluminium ont également été proposés [9, 11, 12]. D'après les récents résultats de Hensen et coll. [11, 12], les ASA contiendraient une très faible concentration de BAS forts pontés Si-(OH)-Al.

IV.1.3. Caractérisation de la phase métallique

Ce paragraphe est consacré à l'étude de la phase métallique déposée sur les supports décrits auparavant, dans le but de déterminer la teneur métallique par analyse chimique (ICP-OES) et la taille moyenne des particules métalliques par TEM.

Les supports ont été imprégnés d'une solution d'acétylacétonate d'iridium dans le toluène afin d'obtenir une teneur métallique en poids de 1%, puis activés par réduction directe sous H_2 à 350 °C durant 6 heures, afin d'obtenir une distribution de particules d'iridium homogène (chapitre III).

Le tableau IV-3 indique que les teneurs métalliques sont similaires pour tous les catalyseurs préparés, et conformes à la teneur souhaitée de 1%. La taille moyenne des particules d'iridium est d'environ 1,4 nm pour tous les catalyseurs, à l'exception de l'échantillon Ir/SiO$_2$ pour lequel la distribution de tailles obtenue est bimodale (figure IV-7a).

Afin d'étudier l'effet de l'acidité du support, il était important de comparer les catalyseurs constitués de nanoparticules de tailles similaires, car nous verrons que l'hydroconversion de la tétraline sur Ir/SIRAL dépend de la taille des nanoparticules d'iridium (chapitre V).

Tableau IV-3 : Composition métallique (ICP-OES) et taille de particule (TEM) pour les différents catalyseurs.

Catalyseur	Ir (% massique)	Taille des particules (nm)
Ir/Al$_2$O$_3$	0,82	1,4 ± 0,3
Ir/SiO$_2$	0,98	Distribution bimodale : 2,0 ± 0,5 et 8 ± 4
Ir/SIRAL-5	0,95	*ca.* 1,5
Ir/SIRAL-10	0,94	*ca.* 1,5
Ir/SIRAL-30	0,97	1,2 ± 0,3
Ir/SIRAL-40	0,96	1,4 ± 0,2
Ir/SIRAL-70	0,93	1,6 ± 0,3

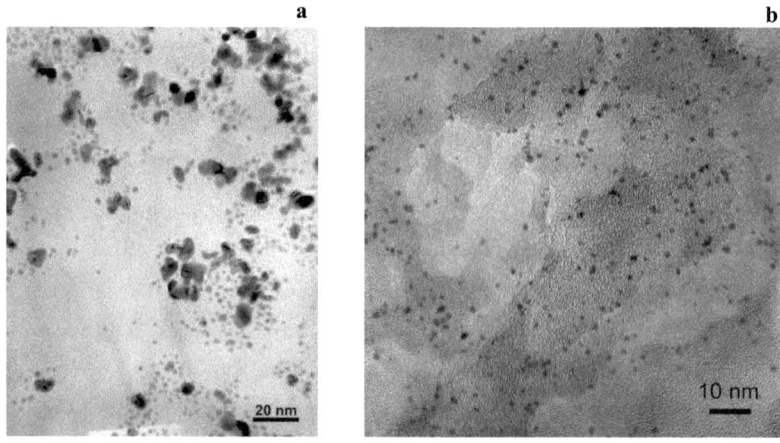

Figure IV-7 : Images TEM de Ir/SiO$_2$ (a) et Ir/SIRAL-30 (b).

IV.1.4. Performances catalytiques

IV.1.4.1. Activité et sélectivité

Les catalyseurs obtenus ont été testés en hydroconversion de la tétraline. Dans un premier temps, les tests ont été réalisés sous flux d'hydrogène pur, à 350 °C et sous une pression de 4 MPa. Dans ces conditions, la conversion de la tétraline sur la série Ir/SIRAL est proche de 100%. Afin de pouvoir comparer correctement ces catalyseurs, il était nécessaire de travailler à une même conversion de tétraline, inférieure à 100%, et pour une même concentration de H_2S. Nous avons donc décidé de travailler à une concentration de 100 ppm H_2S et nous avons fait varier le temps de contact afin d'obtenir des conversions proches de 50%.

D'après la figure IV-8, l'activité et la sélectivité en POCC augmentent avec la teneur en silice jusqu'à 40 %, c'est à dire qu'elles sont maximales pour l'iridium sur SIRAL-40 (sélectivité en POCC de 14%), puis diminuent pour Ir/SIRAL-70. L'activité catalytique de l'iridium sur SiO_2 et sur Al_2O_3 est nulle puisque ces catalyseurs se désactivent complètement en présence du soufre.

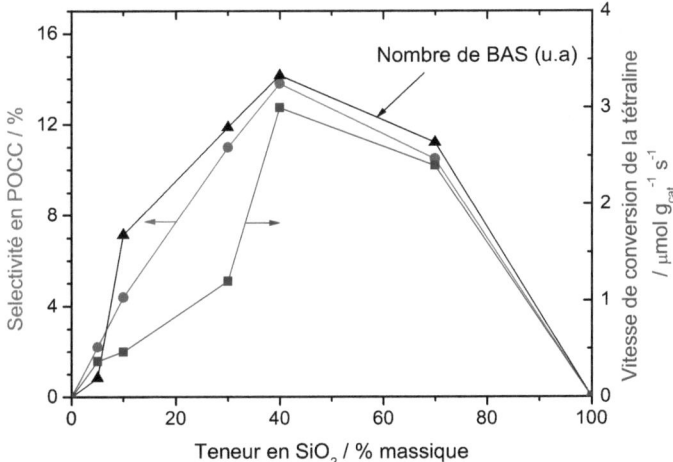

Figure IV-8 : Vitesse de conversion de la tétraline, sélectivité en POCC (~ 50% de conversion, 100 ppm H_2S, 350 °C et 50 mg de catalyseur) et acidité de Brönsted du support en fonction du pourcentage massique en silice des catalyseurs Ir/ASA.

Dans cette figure est également indiquée la quantité relative de sites acides de Brönsted, mesurée après désorption de la pyridine à 150 °C, extraite de la figure IV-6b (valeurs multipliées par 60 pour faciliter la comparaison). La quantité des sites de Brönsted augmente avec la teneur en silice dans la série SIRAL, et atteint un maximum à 40 % de teneur. Par conséquent, nous observons une corrélation claire entre l'acidité de Brönsted du support, la sélectivité en POCC et l'activité des catalyseurs.

Du fait de ses performances supérieures, le support SIRAL-40 sera considéré comme le support de référence (et noté simplement ASA) dans la suite de notre étude.

IV.1.4.2. Réversibilité de l'empoisonnement par le soufre

La figure IV-9 permet de comparer l'iridium supporté sur silice (S), alumine (A) et SIRAL-40 (ASA) en termes de rendement et de résistance au soufre pendant l'hydroconversion de la tétraline. Dans cette expérience, nous avons ajusté les masses des échantillons afin d'obtenir, pour chaque catalyseur, une conversion légèrement inférieure à 100% en l'absence de H_2S. De cette façon, l'effet de H_2S a pu être suivi dans des conditions optimales. Pour conserver une activité mesurable sur Ir/silice et Ir/alumine, nous avons dû travailler en présence de 50ppm H_2S au lieu des 100 ppm habituellement utilisés avec les catalyseurs thiorésistants.

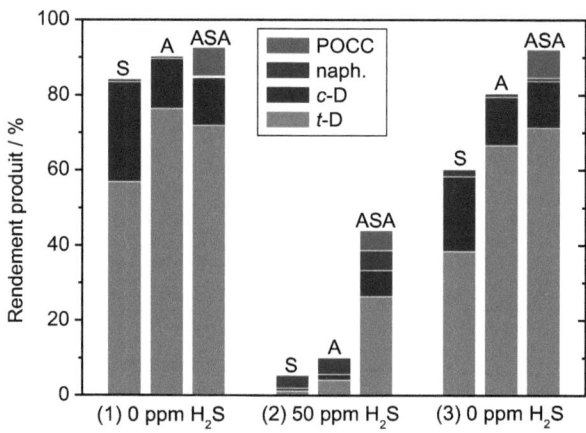

Figure IV-9 : Effet de l'addition de H_2S au mélange réactionnel sur le rendement de conversion de la tétraline et point retour à 0 ppm H_2S (S : 160 mg Ir/SiO_2, A : 50 mg Ir/Al_2O_3, ASA : 16 mg Ir/ASA).

La sélectivité en POCC est nulle pour Ir sur silice et sur alumine. Seuls les produits d'hydrogénation (décalines) et de déshydrogénation (naphtalène) sont formés. Lorsque H_2S est ajouté au mélange réactionnel, les conversions diminuent de 84% à 5% et de 90 à 10% pour Ir/SiO_2 et Ir/Al_2O_3, respectivement (sur Ir/ASA, la sélectivité en POCC augmente de 8 à 12 %). En revenant à 0 ppm H_2S, la conversion réaugmente jusqu'à 60 et 81% pour Ir/SiO_2 et Ir/Al_2O_3, respectivement. Ir/Al_2O_3 semble donc beaucoup plus actif (4 fois moins de catalyseur a été utilisé) et un peu plus résistant au soufre que Ir/SiO_2. Ceci est probablement dû à la faible dispersion observée dans le cas de la silice (tableau IV-3). En revanche, dans le cas de Ir/SIRAL-40, la conversion ne diminue que de 93 à 44% lorsque H_2S est introduit. En outre, le taux de conversion initial est totalement retrouvé lors du retour à 0 ppm H_2S. Ainsi, seule l'utilisation d'un support acide (ASA) permet la thiorésistance et la réversibilité de l'empoisonnement par le soufre.

IV.1.4.3. Ordre par rapport à H_2S

On vient de le voir : l'acidité du support est l'un des paramètres qui permettent d'augmenter la thiorésistance des catalyseurs à base de métaux nobles [14]. Les catalyseurs supportés sur les différents SIRAL ont donc été testés en présence de quantités variables de H_2S afin d'analyser l'impact des propriétés acides sur le caractère thiorésistant de nos catalyseurs.

Ainsi, la figure IV-10 montre un exemple de test catalytique sur le catalyseur Ir/ASA pour différentes concentrations de H_2S.[†] Après une période initiale (environ 8 heures) au cours de laquelle les sites acides les plus forts sont progressivement désactivés, le taux de craquage devient inférieur à 1%. Après cette période, il apparaît que le catalyseur présente une grande stabilité, indépendamment de la concentration de H_2S. La conversion de la tétraline diminue modérément quand la concentration de H_2S augmente et l'empoisonnement par H_2S est quasi réversible même après l'introduction de 200 ppm, en accord avec les résultats de la section précédente.

[†] L'influence d'autres paramètres tels que la température et le taux de conversion sera présentée au chapitre V.

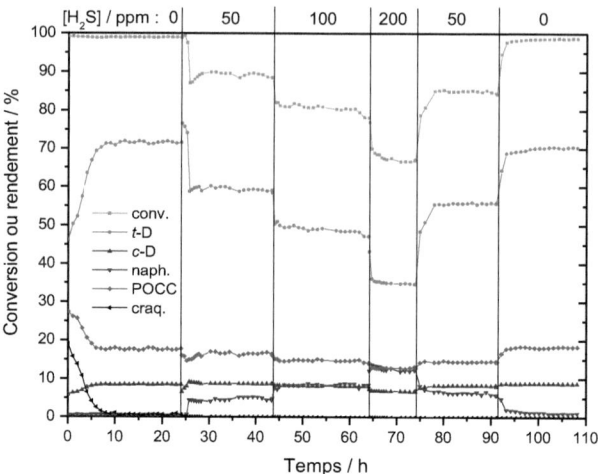

Figure IV-10 : Conversion de la tétraline et rendements en produits de conversion en fonction du temps et à différentes concentration de H₂S sur Ir/ASA à 350 °C.

Pour étudier quantitativement la thiorésistance des catalyseurs, nous avons supposé que la vitesse de réaction (V$_{réaction}$) obéissait à l'équation suivante [15] :

$$V_{réaction} = k.C_{H_2S}^{n}$$

n est le pseudo-ordre par rapport à H₂S (« pseudo » car H₂S n'est pas un réactif ici) et k une constante de proportionnalité. Le calcul des vitesses de conversion de la tétraline, de formation de la décaline (hydrogénation) et de formation des produits d'ouverture et de contraction de cycle (OCC), pour des concentrations de H₂S (C$_{H2S}$) comprises entre 0 et 200 ppm, nous a permis d'obtenir les graphes (sous forme logarithmique) ci-dessous (figure IV-11).

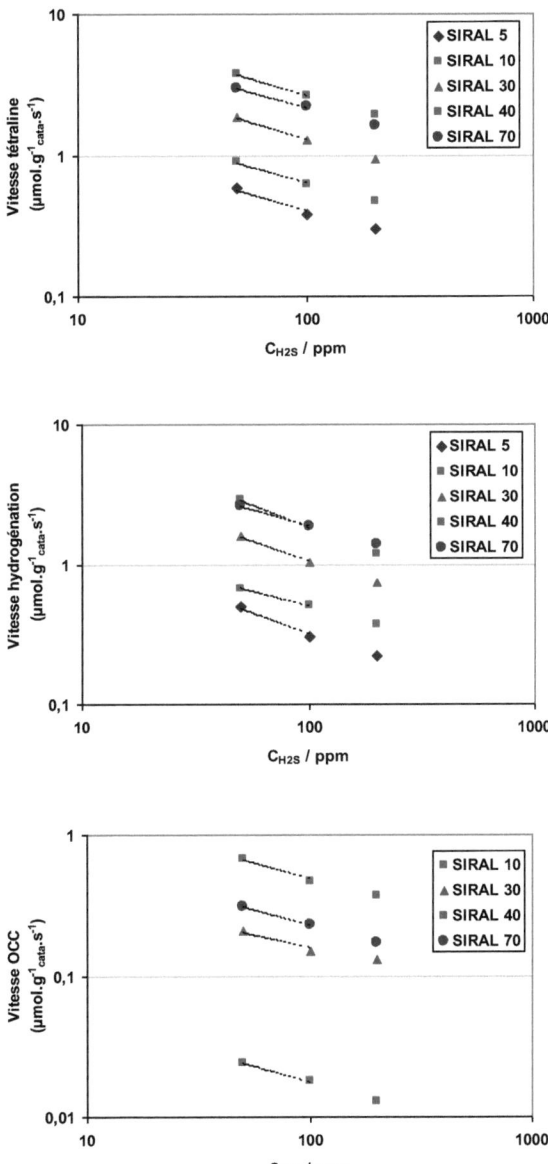

Figure IV-11 : Vitesses en fonction de la concentration de H$_2$S pour les différents catalyseurs à 350 °C.

Les pseudos-ordres par rapport à H$_2$S, calculés lors de l'ajustement des points à l'aide de l'équation ci-dessus, sont rassemblés dans la figure IV-12. Les ordres sont évidemment négatifs pour toute la série Ir/SIRAL. En effet, les sites d'iridium sont empoisonnés par le composé soufré, qui s'adsorbe de façon dissociative à la surface de l'iridium [16, 17]. Les sites actifs deviennent alors inaccessibles à cause du blocage géométrique par le soufre. Les valeurs de n obtenues pour les cinq solides testés sont similaires et le taux d'acidité de SIRAL ne semble pas avoir d'influence significative sur le caractère thiorésistant des catalyseurs. Dès l'introduction d'une faible quantité de silice dans l'alumine, le catalyseur Ir/SIRAL résiste partiellement et réversiblement (section précédente) à l'empoisonnement par le soufre.

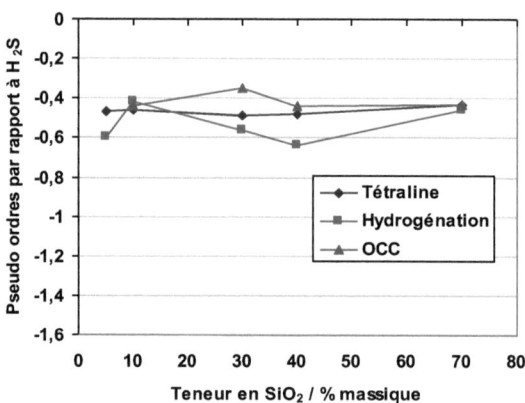

Figure IV-12 : Pseudo-ordres par rapport à H$_2$S en fonction de la teneur en silice de Ir/SIRAL.

IV.2. Influence de l'ajout de palladium

IV.2.1. Introduction

L'alliage ou l'addition d'un second métal est une méthode très utilisée industriellement pour modifier l'activité et la sélectivité des catalyseurs métalliques supportés par le biais d'effets de synergie. Nous avons donc tenté d'optimiser la phase active en termes de thiorésistance, activité et sélectivité par l'ajout de palladium, un métal possédant d'excellentes propriétés d'hydrogénation et de thiorésistance [18].

Chapitre IV : Influence de l'acidité du support et de l'ajout de palladium

Une série de catalyseurs bimétalliques iridium – palladium (trois compositions) a donc été préparée par co-imprégnation sans excès de solution, en utilisant les précurseurs acétylacétonates d'iridium et de palladium.[‡] La quantité de chaque précurseur a été ajustée afin d'obtenir 1% massique de métal avec différents rapports atomiques Ir/Pd, dans le but de trouver la meilleure formulation pour l'ouverture sélective de cycle.

Comme l'illustre le diagramme de phases présenté dans la figure IV-13, dans nos conditions de température, l'alliage Ir-Pd ne peut thermodynamiquement être obtenu que pour des faibles pourcentages atomiques en palladium et en iridium. Toutefois, les compositions de ce diagramme de phase ne s'appliquent pas forcément aux petites particules, et de plus la synthèse est davantage régie par la cinétique.

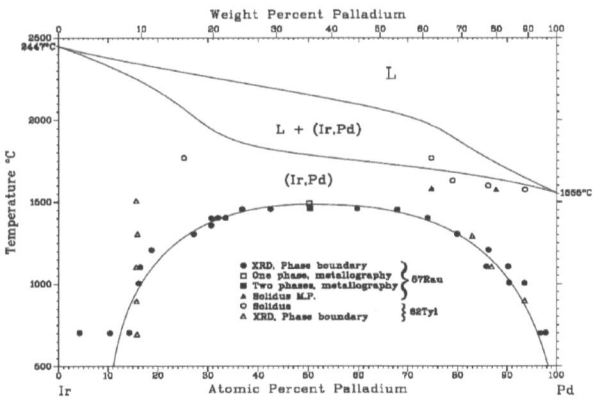

Figure IV-13 : Diagramme de phases du système Ir-Pd.[19]

IV.2.2. Caractérisation des catalyseurs Ir-Pd

Les catalyseurs bimétalliques Ir-Pd possèdent une teneur métallique massique de 1% et un rapport atomique Ir/Pd variable. Pour étudier l'effet du traitement thermique sur la formation de l'alliage et les performances des catalyseurs bimétalliques, nous avons préparé deux séries de catalyseurs par la méthode de coimprégnation. Dans la première, les

---

[‡] La méthode de réaction redox de surface a également été tentée, en collaboration avec le LACCO (Poitiers). Cependant, les compositions Ir-Pd obtenues se sont avérées largement différentes des compositions souhaitées. Cela s'explique probablement par une trop faible durée du dépôt de l'ajout (Pd ou Ir) sur le parent (Ir ou Pd). Quoiqu'il en soit, les analyses TEM-EDX n'ont pas révélé la présence de particules bimétalliques sur ces échantillons.

solides ont été activés par calcination suivie d'une réduction sous H_2 à 350 °C (C350R350) et dans la seconde, les catalyseurs ont été activés par une réduction directe sous H_2 à 350 °C (R350). Les solides préparés par la méthode de coimprégnation seront référencés par « Ir(x)-Pd(100-x) », x étant le pourcentage atomique d'iridium, suivis de « C350R350 » ou « R350 ». Les différents catalyseurs ainsi que les résultats des analyses chimiques sont présentés dans le tableau IV-4.

Tableau IV-4 : Composition des catalyseurs.

Catalyseurs	Ir (% atomique)	Pd (% atomique)	Métal total (% massique)
Série C350R350			
Ir	100	0	0,97
Ir90-Pd10	89	11	0,92
Ir50-Pd50	45	55	0,90
Ir10-Pd90	10	90	0,96
Pd	0	100	0,90
Série R350			
Ir	100	0	0,96
Ir90-Pd10	89	11	1,04
Ir50-Pd50	55	45	0,91
Ir10-Pd90	11	89	1,02
Pd	0	100	0,85

Nous avons étudié l'influence du prétraitement des catalyseurs bimétalliques Ir-Pd/ASA sur la distribution de tailles et la composition des particules en nous basant sur les observations de microscopie électronique en transmission et les analyses EDX.

IV.2.2.1. Catalyseurs calcinés-réduits

Les trois catalyseurs bimétalliques (Ir90-Pd10, Ir50-Pd50 et Ir10-Pd90) activés par C350R350 présentent des distributions de taille hétérogènes, avec des particules de tailles 1-10 nm coexistant avec de gros agglomérats (figure IV-14).

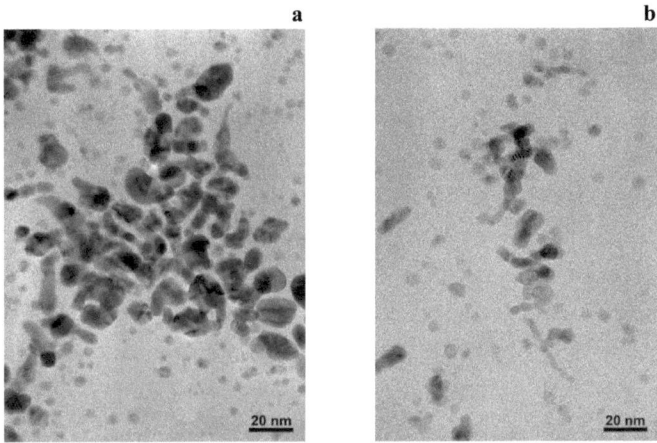

Figure IV-14 : Image TEM des catalyseurs Ir50-Pd50/ASA-C350R350 (a) et Ir10-Pd90/ASA-C350R350 (b).

La différence entre Ir/ASA et Pd/ASA activés par C350R350, est que le premier présente des petites particules (1,4 nm) et de gros agglomérats possédant des formes indéfinies (comme on l'a vu au chapitre III), alors que le second présente une distribution bimodale, mais sans agglomérats : des petites particules de taille moyenne 2,7 nm coexistent avec de grosses particules de taille moyenne 7 nm (figure IV-15).

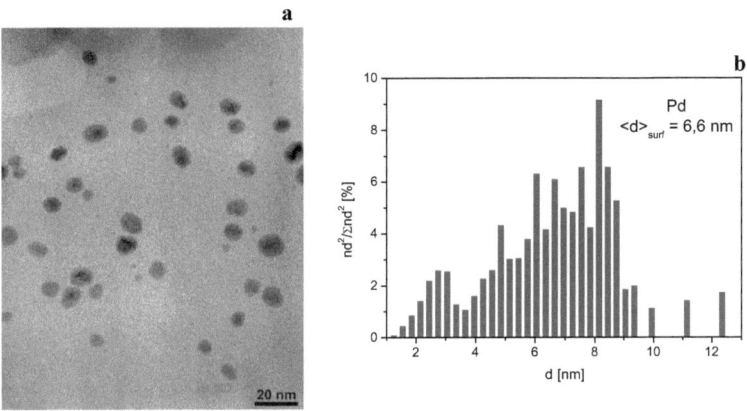

Figure IV-15 : Image TEM (a) et distribution de taille (b) du catalyseur Pd/ASA-C350R350.

Les analyses EDX des échantillons Ir90-Pd10 et Ir10-Pd90 montrent que la répartition des deux métaux au sein de l'échantillon est hétérogène. Les grosses particules sont composées essentiellement d'iridium tandis que les petites particules contiennent soit du palladium, soit de l'iridium. Aucune particule bimétallique n'a été observée dans ces échantillons.

En revanche, les analyses EDX (sur des ensembles de particules et sur des particules isolées) de plusieurs zones de l'échantillon Ir50-Pd50 montrent la présence de particules (taille comprise entre 1 et 8 nm) contenant les deux métaux, mais avec des compositions différentes de celle obtenue par analyse chimique (Ir45-Pd55) (figures IV-16 et IV-17). Le catalyseur Ir50-Pd50 présente aussi des agglomérats d'iridium pur comme dans le cas de Ir/ASA-C350R350 (chapitre III). Enfin, aucune particule de Pd pur n'a été détectée.

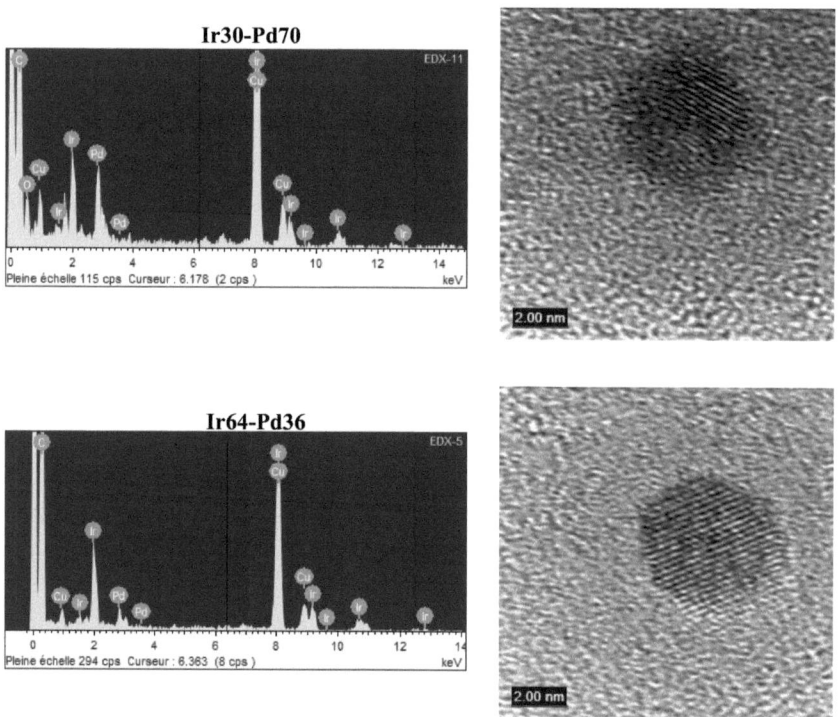

Figure IV-16 : Deux exemples d'analyse TEM-EDX sur des particules isolées de Ir50-Pd50/ASA-C350R350 (taille de sonde : 2 nm).

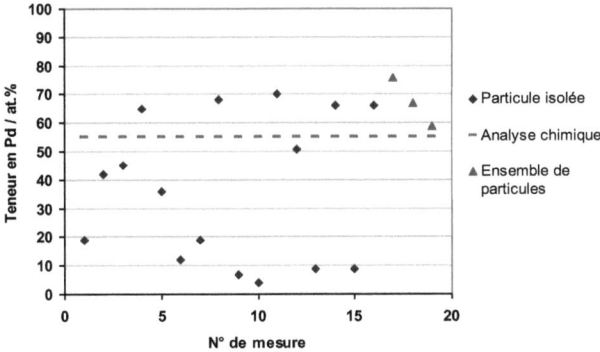

Figure IV-17 : Résultat des analyses EDX sur le solide Ir50-Pd50/ASA-C350R350 (taille de sonde 2 nm sur les particules isolées, et 50 nm sur les ensembles).

En conclusion, l'ajout d'un second métal n'a pas d'effet significatif sur la dispersion de l'iridium, cette dernière dépendant principalement du traitement thermique. La calcination conduit à la formation d'agglomérats d'iridium et de nanoparticules bimétalliques dans le seul cas de Ir50-Pd50. Cependant, la composition des particules n'est pas unique.

IV.2.2.2. Catalyseurs réduits

La figure IV-18 montre les histogrammes de taille correspondant aux catalyseurs directement réduits sous hydrogène. Contrairement aux catalyseurs de la série C350R350, ceux de la série R350 possèdent des distributions de taille monomodales. Ainsi, comme pour Ir/ASA (chapitre III), la réduction directe sous H_2 des bimétalliques permet d'éviter l'agglomération des nanoparticules et d'affiner la distribution de taille par rapport au traitement C350R350.

De plus, il est intéressant de remarquer que la distribution de taille s'élargit et se déplace vers les tailles supérieures lorsque la teneur en palladium augmente. En effet, comme discuté plus bas, il existe, au sein-même des particules, une proportionnalité entre la taille et la teneur en Pd.

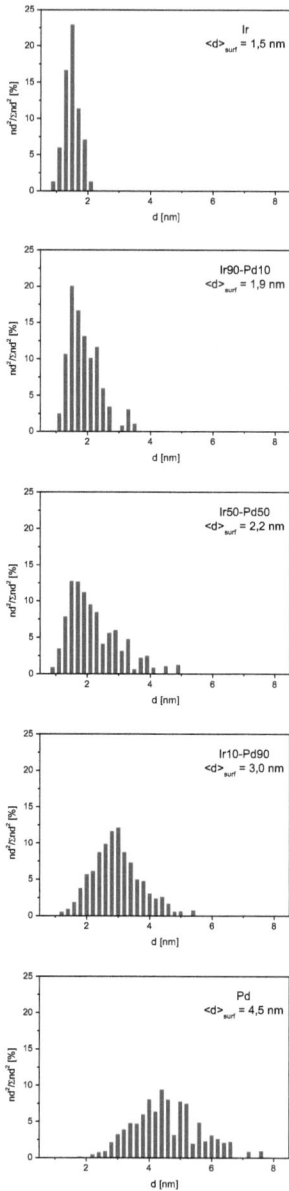

Figure IV-18 : Histogrammes de taille « surfaciques » et tailles moyennes de particule des catalyseurs de la série Ir(x)-Pd(100-x)/ASA-R350.

Comme pour la série C350R350, les analyses EDX effectuées sur les échantillons Ir90-Pd10 et Ir10-Pd90 ne montrent pas, dans la limite de nos analyses, la présence de particules contenant à la fois de l'iridium et du palladium. Dans les deux cas, les particules de taille inférieure à 2 nm (majoritaires dans le cas de Ir90-Pd10) sont formées d'iridium pur, alors que les particules de taille supérieure à 2 nm (majoritaires dans le cas de Ir10-Pd90) sont formées de palladium pur.

Sur Ir50-Pd50, les analyses EDX montrent la présence de particules bimétalliques dont la composition dépend de la taille de particules. En effet, nous observons que la concentration de palladium et la taille des particules sont proportionnelles (figures IV-19 et IV-20).

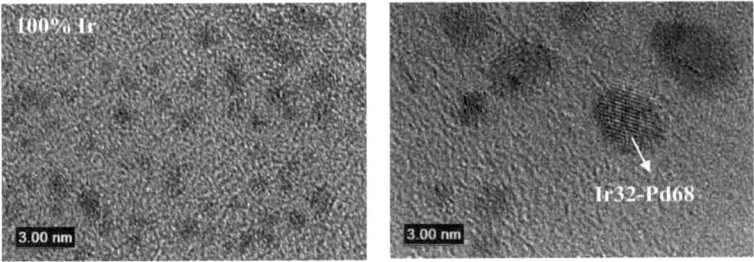

Figure IV-19 : Images TEM de Ir50-Pd50/ASA-R350 pour un ensemble de particules (a) et une particule isolée (b) pour analyses EDX (résultats indiqués en blanc).

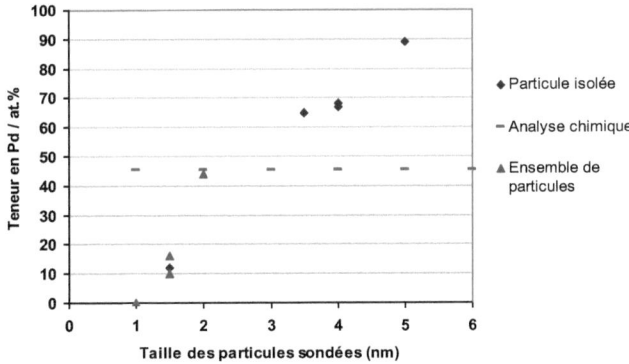

Figure IV-20 : Résultat des analyses EDX sur Ir50-Pd50/ASA-R350 en fonction de la taille des particules (taille de sonde 2 nm sur les particules isolées et 10-25 nm sur les ensembles).

Très récemment, López-De Jesús et coll. [20] ont synthétisé des catalyseurs Ir-Pd/Al$_2$O$_3$ par imprégnation de précurseurs chlorés. Comme dans notre cas, ils observent une augmentation de la taille des particules avec la teneur en Pd. Ils expliquent ces résultats par une plus grande mobilité du palladium sur l'alumine.

En poursuivant cette idée, on peut imaginer que pendant le traitement thermique, les particules d'iridium en formation constituent des sites d'ancrage des espèces palladium diffusant sur l'ASA. La diffusion de Pd étant inhomogène (cf. largeur de la distribution de tailles), les « noyaux » d'iridium s'enrichissent plus ou moins fortement en Pd. Ainsi, la taille d'une particule Ir-Pd augmente avec son enrichissement en Pd.

En conclusion, la réduction directe permet d'obtenir des systèmes plus homogènes en taille que la calcination-réduction. Les particules bimétalliques ne sont observées que pour la composition intermédiaire Ir50-Pd50. La taille des particules et la composition en Pd sont directement corrélées. Ainsi, pour la composition nominale intermédiaire, les grosses particules sont riches en Pd et les petites en Ir.

IV.2.3. Performances des catalyseurs Ir-Pd

IV.2.3.1. Effet de la préparation sur l'activité et la sélectivité

L'activité et la sélectivité des catalyseurs bimétalliques pour les deux séries, Ir-Pd/ASA-C350R350 et R350 ont été évaluées dans la réaction d'hydroconversion de la tétraline à isoconversion (ca. 50 %), en présence de 100 ppm H$_2$S, et sous une pression de 40 bars à 350 °C (figure IV-21).

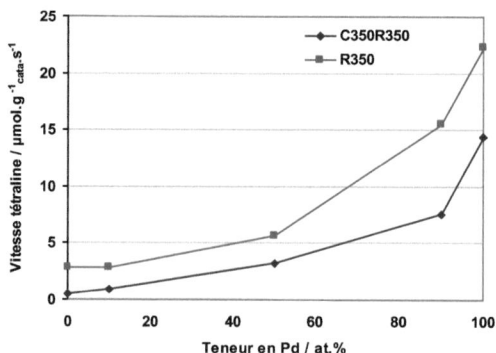

Figure IV-21 : Vitesse de conversion de la tétraline à isoconversion (50%) en fonction de la teneur en palladium pour les séries Ir(x)-Pd(100-x)/ASA-C350R350 et R350 (100 ppm H$_2$S, 350 °C).

Les deux courbes (C350R350 et R350) ont la même allure, la vitesse de disparition de la tétraline augmentant de plus en plus rapidement quand la teneur en palladium croît. Cette augmentation est due à l'activité élevée du palladium par rapport à l'iridium en hydrogénation. D'autre part, les vitesses de la série R350 sont plus élevées que celles de la série C350R350, ce qui s'explique par la dispersion supérieure des nanoparticules dans la série R350. Si l'on rapporte cette activité au nombre d'atomes de métal en surface, Pd/ASA-R350 est 22 fois plus actif que Ir/ASA-R350 (1.8 vs. 0.08 s^{-1}).

Nos analyses TEM-EDX ayant montré l'absence de particules bimétalliques pour les compositions 10%Ir et 10%Pd, la non-linéarité des courbes de vitesse peut s'expliquer soit par une non-additivité des vitesses de Ir et de Pd, soit par la présence de particules bimétalliques non détectées pour lesquelles Ir ségrègerait en surface.

Désormais, nous considérerons uniquement la série R350 pour étudier la sélectivité et l'effet de H$_2$S, puisque cette série présente des catalyseurs homogènes en taille de particules et plus actifs.

Sur la figure IV-22 sont regroupées les sélectivités des différents catalyseurs à isoconversion (50%) de la tétraline. En ce qui concerne Ir/ASA-R350, ces résultats on déjà été décrits dans ce chapitre, en section IV.1.4.1.

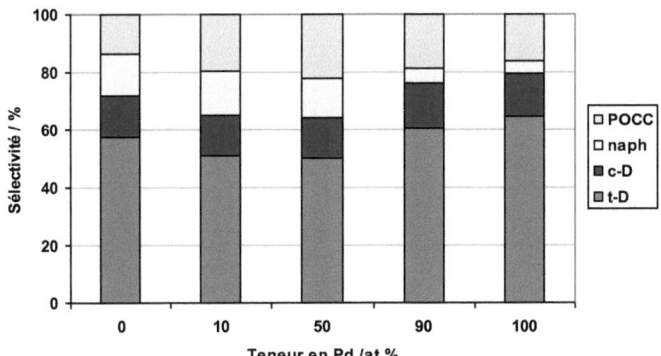

Figure IV-22 : Distribution des produits à isoconversion de la tétraline (*ca.* 50%) en présence de 100 ppm H$_2$S à 350 °C pour la série Ir(x)-Pd(100-x)/ASA-R350.

Le palladium pur possède une sélectivité en POCC (16%) légèrement plus élevée que l'iridium pur (14%), bien que ce dernier soit en principe plus hydrogénolysant.

Compte tenu de la grande différence de taille de particule entre les deux métaux purs (4,5 nm pour Pd et 1,5 nm pour Ir) et l'importance de l'effet de la taille des particules d'iridium sur la sélectivité en POCC (chapitre V), on ne peut pas comparer ces deux catalyseurs. En effet, à taille voisine (5.4 nm), la sélectivité en POCC de Ir/ASA est de 28%. En fait, la sélectivité en POCC de Ir est donc plus élevée que celle de Pd.

Les trois catalyseurs bimétalliques présentent un gain en sélectivité en POCC par rapport à Ir et Pd purs, le maximum de sélectivité étant obtenu pour Ir50-Pd50 (22%). Cependant, ces résultats peuvent également être expliqués par un effet de la taille des particules riches en Ir. En effet, nous avons observé que la taille moyenne des particules augmentait avec la teneur en Pd (figure IV-18), ce qui conduit à une augmentation de sélectivité dans le sens : Ir (1,5 nm) < Ir10-Pd90 (1,9 nm) < Ir50-Pd50 (2,2 nm). Aux concentrations de Pd élevées (Ir10-Pd90), le comportement catalytique se rapproche de celui du catalyseur Pd, *i.e.*, la sélectivité en POCC décroît. Il est important de noter que pour Pd, l'effet de taille est négligeable. En effet, les sélectivités en POCC de Pd/ASA-C350R350 (6,6 nm) et R350 (4,5 nm) sont respectivement de 14% et 16%.

IV.2.3.2. Effet de la concentration de H_2S sur l'activité

Afin d'étudier l'effet de l'ajout d'un second métal sur la réversibilité de l'empoisonnement par le soufre, des points-retours ont été réalisés pour les différents catalyseurs de la série R350 (figure IV-23).

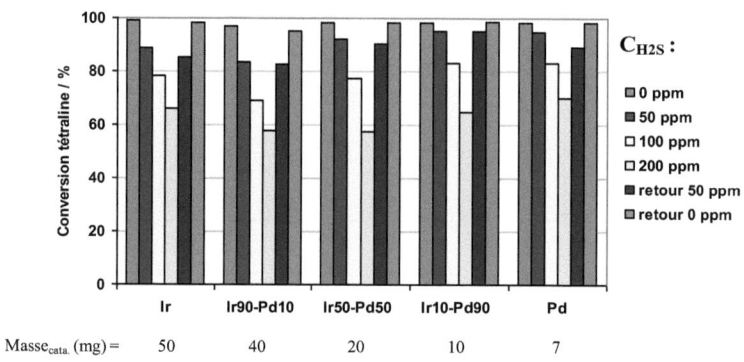

Figure IV-23 : Conversion de la tétraline à 350 °C à différentes concentrations de H_2S sur les catalyseurs Ir(x)-Pd(100-x)/ASA-R350.

Chapitre IV : Influence de l'acidité du support et de l'ajout de palladium

Lors du retour sous 50 puis 0 ppm H$_2$S, les catalyseurs retrouvent la majeure partie de leur activité : les conversions de la tétraline sont similaires à celles obtenues lors des premiers tests effectués à ces concentrations. Ainsi, comme dans le cas de Ir/ASA, l'empoisonnement par le soufre des catalyseurs contenant du palladium se révèle réversible. Cette réversibilité dépend principalement du type du support (ASA vs. alumine et silice, voir section IV.1.4.2) quel que soit le catalyseur, mono ou bimétallique.

IV.2.3.3. Effet de la concentration de H$_2$S sur la sélectivité

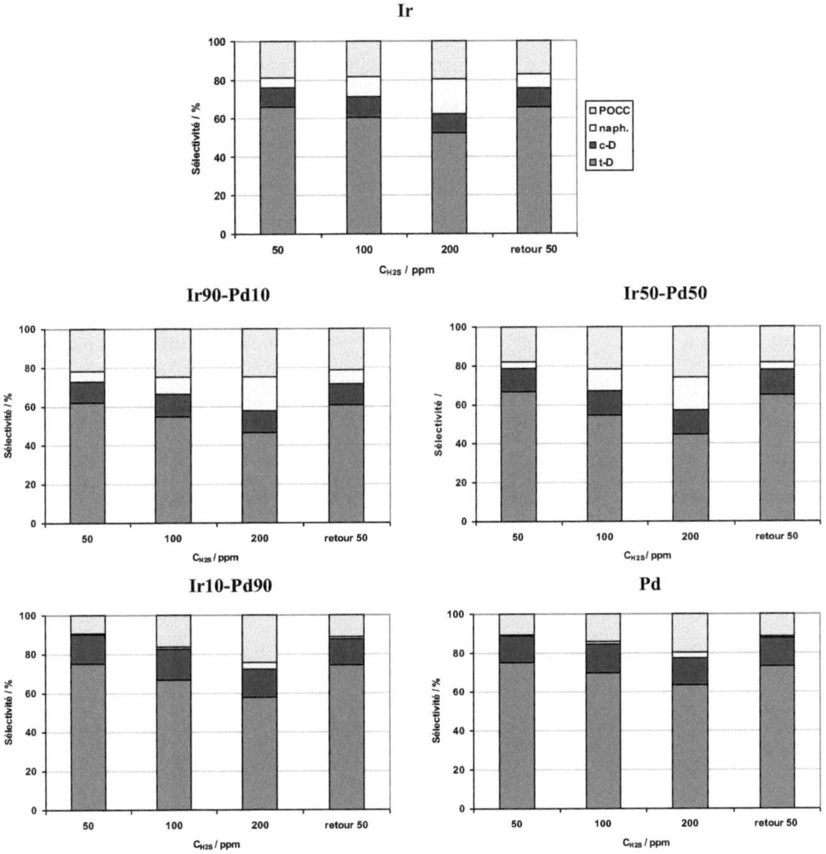

Figure IV-24 : Distribution des produits d'hydroconversion de la tétraline à 350 °C en fonction de la concentration de H$_2$S pour la série Ir(x)-Pd(100-x)/ASA-R350.

La figure IV-24 montre la variation de la sélectivité des catalyseurs Ir(x)-Pd(100-x)/ASA-R350 en présence de concentrations croissantes de H_2S. Le rapport naphtalène/décaline (très faible à concentration de Pd élevée) augmente avec la concentration de H_2S sur tous les catalyseurs, du fait de diminution de la conversion de la tétraline induite par l'empoisonnement des sites métalliques. Contrairement à l'iridium pur dont la sélectivité en POCC est indépendante de la concentration de H_2S, dans le cas des catalyseurs Ir-Pd et Pd, la sélectivité en POCC augmente avec la concentration de H_2S, et cela d'autant plus fortement que les solides sont riches en palladium.

IV.2.3.4. Ordre par rapport à H_2S

La thiorésistance des catalyseurs bimétalliques peut ici encore être discutée en termes d'ordre par rapport à H_2S. Les conditions opératoires sont identiques à celles utilisées précédemment (IV.1.4.3.). Le calcul des vitesses pour des concentrations de H_2S comprises entre 0 et 200 ppm nous a permis d'obtenir les graphes de la figure IV-25.

D'après la figure IV-26, montrant les pseudo-ordres par rapport à H_2S en fonction de la concentration de Pd, l'effet de l'empoisonnement par le soufre sur la disparition de la tétraline et la formation de la décaline est moins important sur l'iridium que sur les catalyseurs qui contiennent du palladium. Donc l'ajout d'un second métal n'a pas amélioré la thiorésistance totale et celle relative à l'hydrogénation.

En revanche, les pseudo-ordres de la réaction d'ouverture/contraction de cycle augmentent avec le teneur en palladium : les catalyseurs riches en Pd sont plus thiorésistants en OCC, ce qui confirme les résultats de sélectivité précédents.

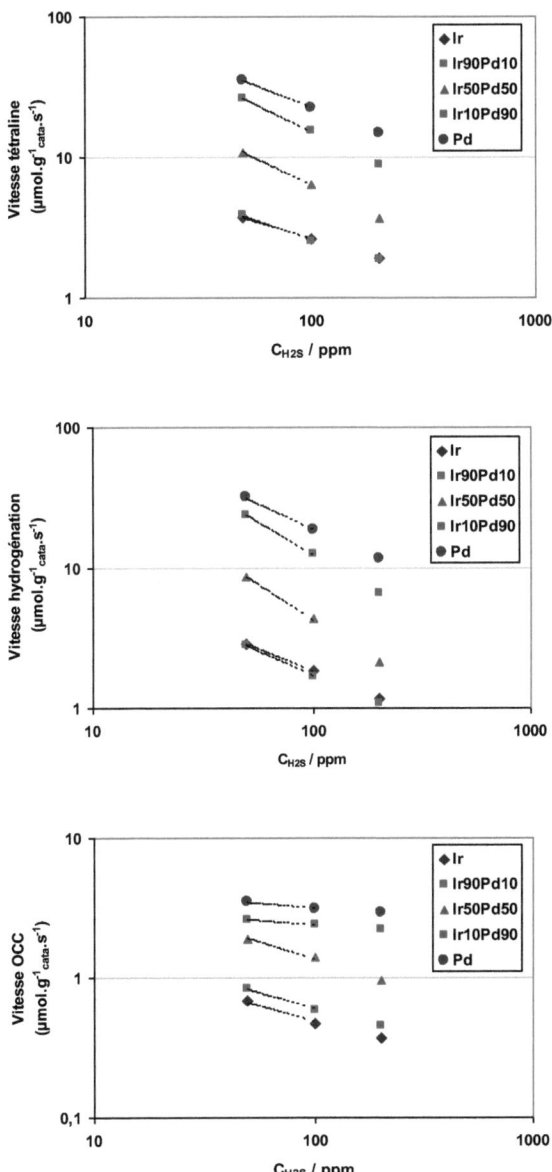

Figure IV-25 : Vitesses en fonction de la concentration en H₂S pour les différents catalyseurs à 350 °C.

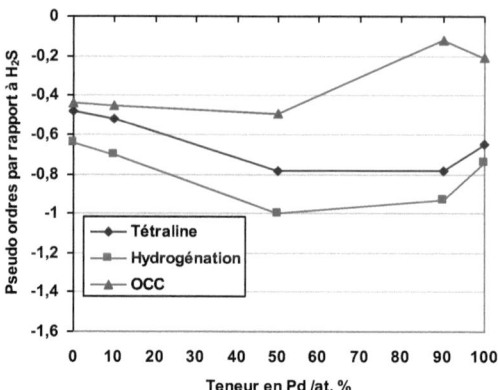

Figure IV-26 : Pseudo-ordres par rapport à H$_2$S pour les catalyseurs Ir(x)-Pd(100-x)/ASA-R350.

Les résultats concernant le comportement des catalyseurs vis-à-vis de l'augmentation de la pression partielle de H$_2$S peuvent être discutés qualitativement comme suit. En simplifiant, alors que l'hydrogénation a lieu sur le métal, l'ouverture et la contraction de cycle ont lieu principalement par voie acide, comme le suggèrent les résultats présentés à la section IV.1. Comme on le verra au chapitre V, la sélectivité dépend de l'équilibre entre fonctions métalliques et acides. Dans le cas des catalyseurs riches en Pd, métal très actif en hydrogénation, la présence de soufre a pour effet d'affaiblir la fonction métallique au profit de la fonction acide, donnant lieu à une augmentation de sélectivité en POCC. Dans le cas de l'iridium, moins actif en hydrogénation, le soufre a moins d'influence globale et la sélectivité en POCC sur Ir/ASA est donc peu affectée par l'augmentation de la concentration de H$_2$S.

IV.3. Conclusion

Nous avons tenté d'optimiser le support et la phase active pour augmenter la sélectivité en POCC et la thiorésistance de nos catalyseurs.

Dans un premier temps, en utilisant des supports de type silice-alumine amorphe de compositions différentes, nous avons pu faire varier l'acidité du support et établir une corrélation entre l'acidité de Brönsted et l'activité/sélectivité des catalyseurs Ir/ASA. Le catalyseur à base d'iridium supporté sur la silice-alumine la plus acide au sens de Brönsted (SIRAL-40) possède les propriétés les plus intéressantes en termes d'activité et sélectivité en POCC, et a donc été sélectionné pour les études ultérieures.

Ensuite, nous avons étudié l'influence de l'ajout du soufre. Ir/SIRAL-40 possède une stabilité élevée, même en présence de 200 ppm H_2S. Alors que le rapport hydrogénation/déshydrogénation diminue quand la concentration de H_2S augmente, la teneur en soufre n'a aucun effet sur la sélectivité en POCC.

Enfin, nous avons cherché à optimiser la phase métallique en termes de thiorésistance et d'activité par l'ajout d'un second métal. Le palladium a été sélectionné pour ses propriétés d'hydrogénation et de thiorésistance. Les caractérisations TEM montrent l'hétérogénéité en taille de particule des catalyseurs de la série C350R350 et la relative homogénéité de la série R350. Les analyses EDX semblent montrer que seul le solide Ir50-Pd50/ASA (dans les deux séries) présente des particules qui contiennent les deux métaux, mais avec une hétérogénéité de composition : la teneur en Pd des particules augmente avec leur taille, ce qui peut s'expliquer par la plus grande diffusivité des espèces Pd sur ASA. Cela se retrouve également dans la distribution de taille des particules : l'histogramme se décale vers les grandes tailles et s'élargit quand la teneur en palladium augmente. L'ajout de Pd permet d'augmenter l'activité et la sélectivité en POCC par rapport à l'iridium pur. Le gain en activité est dû au pouvoir hydrogénant du palladium supérieur à celui de l'iridium. Le gain en sélectivité ne peut pas être attribué à un effet d'alliage mais à un effet de taille, qui sera mis en évidence au chapitre suivant. Enfin, l'augmentation de la concentration de H_2S est favorable à l'OCC sur les catalyseurs bimétalliques.

Références

[1] G. Busca, *Chem. Rev.* **2007**, *107*, 5366.

[2] J.W. Ward, R.C. Hansford, *J. Catal.* **1969**, *13*, 154.

[3] P.O. Scokart, F.D. Declerck, R.E. Sempels, P.G. Rouxhet, *J. Chem. Soc. Faraday Trans.* **1977**, *73*, 359.

[4] M. Trombetta, G. Busca, S. Rossini, V. Piccoli, U. Cornaro, A. Guercio, R. Catani, R. J. Willey, *J. Catal* **1998**, *179*, 581.

[5] W. Daniell, U. Schubert, R. Glöckler, A. Meyer, K. Noweck, H. Knözinger, *Appl. Catal. A* **2000**, *196*, 247.

[6] M.F. Williams, B. Fonfé, C. Woltz, A. Jentys, J.A.R. van Veen, J.A. Lercher, *J. Catal.* **2007**, *251*, 497.

[7] E. Peeters, M. Cattenot, C. Geantet, M. Breysse, J.L. Zotin, *Catal. Today* **2008**, *133-135*, 299.

[8] G. Crépeau, V. Montouillout, A. Vimont, L. Mariey, T. Cseri, F. Maugé, *J. Phys. Chem. B* **2006**, *110*, 15172.

[9] B. Xu, C. Sievers, J.A. Lercher, J.A.R. van Veen, P. Giltay, R. Prins, J.A. van Bokhoven, *J. Phys. Chem. C* **2007**, *111*, 12075.

[10] C. Chizallet, P. Raybaud, *Angew. Chem. Int. Ed.* **2009**, *48*, 2891.

[11] D.G. Poduval, J.A.R. van Veen, M.S. Riguttob, E.J.M. Hensen, *Chem. Commun.* **2010**, *46*, 3466.

[12] E.J.M. Hensen, D.G. Poduval, D.A.J.M. Ligthart, J.A.R. van Veen, M.S. Rigutto, *J. Phys. Chem. C* **2010**, *114*, 8363.

[13] J.W. Ward, R.C. Hansford, *J. Catal.* **1969**, *13*, 154.

[14] P. Gallezot, J. Datka, J. Massardier, M. Primet, B. Imelik, *Proc. 6th ICC, London* **1976**, 696.

[15] J.L. Rousset, L. Stievano, F.J. Cadete Santos Aires, C. Geantet, A.J. Renouprez, M. Pellarin, *J. Catal.* **2001**, *202*, 163.

[16] P. Reyes, J. Fernandez, G. Pecchi, J.L.G. Fierro, *J. Chem. Technol. Biotechnol.* **1998**, *73*, 1.

[17] R. Frety, P.N. Da Silva, M. Guenin, *Appl. Catal.* **1990**, *57*, 99.

[18] E. Devers, C. Geantet, P. Afanasiev, M. Vrinat, M. Aouine, J.L. Zotin, *Appl. Catal. A* **2007**, *322*, 172.

[19] S.N. Tripathi, S.R. Bharadwaj, M.S. Chandrasekharaiah, *J. Phase Equilibria* **1991**, *12*, 603.

[20] Y.M. López-De Jesús, C.E. Johnson, J.R. Monnier, C.T. Williams, *Top Catal.* **2010**, *53*, 1132.

Chapitre V
Influence de la taille des particules d'iridium – mécanisme réactionnel

V.1. Introduction 105

V.2. Caractérisation des catalyseurs 106
    V.2.1. Charge métallique des catalyseurs (ICP-OES) et taille des nanoparticules
    d'iridium (TEM) 106
    V.2.2. Morphologie des nanoparticules d'iridium (HRTEM) 108
    V.2.3. Etat d'oxydation de l'iridium dans Ir/ASA (XPS) 110
    V.2.4. Nature des sites métalliques (CO-DRIFTS) 111

V.3. Etude des performances catalytiques 113
    V.3.1. Influence de la taille des particules d'iridium sur l'activité et la sélectivité 113
    V.3.2. Effet de la température et de la concentration de H_2S 114
    V.3.3. Effet du taux de conversion de la tétraline 117

V.4. Analyse détaillée de la sélectivité par GCxGC-MS 120
    V.4.1. Identification des produits de conversion de la tétraline 120
    V.4.2. Influence de la taille des particules d'iridium sur la distribution des produits ... 124
    V.4.3. Discussion des performances catalytiques.. 127

V.5. Discussion de l'effet de taille et du mécanisme réactionnel 128
    V.5.1. « Intimité » entre sites métalliques et sites acides 128
    V.5.2. Proportions de sites acides et de sites métalliques... 130
    V.5.3. Proposition de schéma réactionnel 132

V.1. Introduction

Une abondante littérature décrit la sensibilité à la structure des réactions d'hydrogénolyse de la liaison C-C, y compris l'ouverture de naphtènes monocycliques. Ainsi, il a été montré que la vitesse d'hydrogénolyse du cyclopentane augmentait avec la taille des particules dans le cas du platine et du rhodium, alors qu'elle était constante dans le cas de l'iridium [1]. Dans le cas du patine, l'ouverture du méthylcyclopentane sur de petites particules conduit à un mélange statistique de 2-méthylpentane, 3-méthylpentane et n-hexane, alors que la formation de n-hexane (à partir de la rupture des liaisons C-C en positions substituées) est défavorable sur les grosses particules [2, 3]. L'iridium favorise l'hydrogénolyse sélective du méthylcyclopentane avec peu d'effet de la taille des particules [4]. Pour l'ouverture de diméthylcyclohexane sur Ir, la nature du support affecterait la sélectivité. En effet, la rupture de la liaison C-C en positions substituées est plus rapide sur Ir/Al_2O_3 que sur Ir/SiO_2 [5]. En revanche, sur silice, une augmentation de la dispersion de l'iridium à l'aide d'un dopage au potassium, favoriserait le mode d'adsorption métallocycle dicarbène, conduisant à la scission de liaisons C-C substituées [6].

Dans le cas des hydrocarbures à deux cycles, la situation est encore plus complexe en raison de différents mode d'adsorption à la surface du métal avant l'hydrogénolyse [7], et le rôle important du support (acide) dans l'ouverture et la contraction de cycle. À notre connaissance, rien n'a été publié sur l'influence de la taille des particules sur l'ouverture d'hydrocarbures bicycliques.

Ayant constaté que l'échantillon Ir/ASA-C350R350 (grosses et petites particules) était plus sélectif en produits d'ouverture et contraction de cycle que le R350 (petites particules), nous avons pensé que cette différence pouvait provenir d'une différence de taille de particule. Nous avons donc tenté d'augmenter la taille des particules de façon contrôlée, en appliquant sur le catalyseur de référence Ir/ASA-R350 une procédure de frittage. Après caractérisation approfondie des systèmes ainsi obtenus, nous avons pu étudier l'influence de la dispersion métallique sur les propriétés catalytiques.

V.2. Caractérisation des catalyseurs

V.2.1. Charge métallique des catalyseurs (ICP-OES) et taille des nanoparticules d'iridium (TEM)

Une fois la préparation optimisée (chapitre III), conduisant à un échantillon Ir/SIRAL-40 dont la phase métallique est bien dispersée (R350 : taille de particule 1,5 nm ± 0,2), l'échantillon a été chauffé à 500 et 700 °C (S500 et S700, S pour « *sintering* ») sous atmosphère humide (chapitre II). Dans un premier temps, nous avions tenté de faire grossir les particules simplement en réduisant les échantillons imprégnés à des températures supérieures à 350 °C (R450 et R550). Les caractéristiques des échantillons (analyse ICP-OES et TEM) sont présentées dans le tableau V-1.

Tableau V-1 : Description des catalyseurs.

Traitement	Ir (% massique)	Taille numérique (nm) Taille surfacique (nm) Taille volumique (nm)
R350	0,96	$d = 1,4 \pm 0,2$ $d_{surf} = 1,5 \pm 0,2$ $d_{vol} = 1,5 \pm 0,2$
R350 + C350 + R350	0,96	*Idem* R350
R450	0,90	$d = 1,5 \pm 0,4$ $d_{surf} = 1,7 \pm 0,4$ $d_{vol} = 1,8 \pm 0,3$
R550	0,90	$d = 1,4 \pm 0,3$ $d_{surf} = 1,5 \pm 0,2$ $d_{vol} = 1,6 \pm 0,3$
R350 + S500 + R350 (= S500)	0,81	$d = 4,9 \pm 1,2 \,;\, 1,4 \pm 0,3$ $d_{surf} = 5,4 \pm 1,2$ $d_{vol} = 5,7 \pm 1,2$
R350 + S700 + R350 (= S700)	0,90	$d = 6,7 \pm 1,9 \,;\, 1,3 \pm 0,2$ $d_{surf} = 7,8 \pm 2,0$ $d_{vol} = 8,4 \pm 2,2$

La température de réduction, entre 350 et 550 °C, n'a aucun effet sur la taille des particules (tableau V-1), ce qui est en accord avec les résultats obtenus par DRX *in situ* (chapitre III). Nous verrons que cela aboutit à des performances catalytiques identiques pour les échantillons R350, R450 et R550.

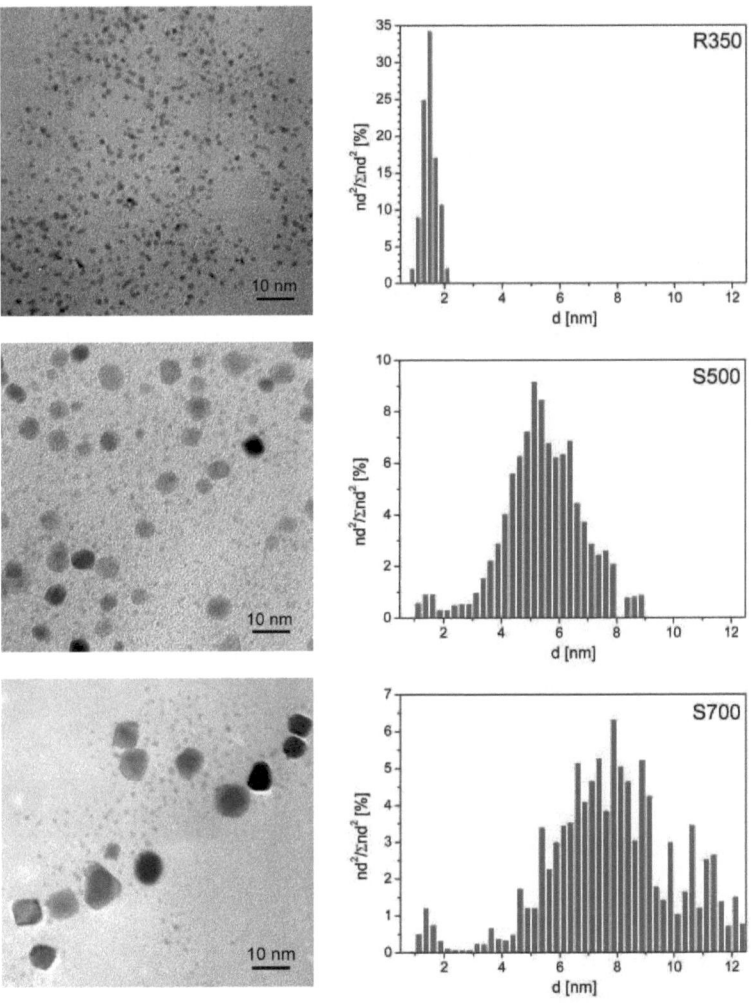

Figure V-1 : Images TEM et histogrammes des tailles « surfaciques » des différents catalyseurs.

En revanche, le chauffage des échantillons sous atmosphère humide à 500 et 700 °C conduit à un frittage des particules (figure V-1). La plupart des particules sont plus grosses, avec des tailles moyennes respectives de 5 et 7 nm pour S500 et S700, même si une faible proportion de particules restent non frittées (taille moyenne 1.3-1.4 nm). Comme la montre la répartition de la taille « surfacique » dans la figure V-1, la contribution des petites particules à la surface totale des échantillons d'iridium frittés est négligeable.

V.2.2. Morphologie des nanoparticules d'iridium (HRTEM)

Nous avons caractérisé le catalyseur fritté à 500 °C (S500) par microscopie électronique en transmission à haute résolution afin d'étudier la morphologie des petites particules (non frittées) et des grosses particules d'iridium. Pour ces dernières, la forme prédominante est celle des particules de la figure V-2. En comparant cette image à celle obtenue par Kirkland et Haigh sur platine (figure V-3) [8], nous concluons que nos nanoparticules d'iridium (thermiquement équilibrées) sont des octaèdres tronqués observés ici dans la direction [1 -1 0].

Figure V-2 : Images HRTEM de grosses particules de l'échantillon S500.

Chapitre V: Influence de la taille des particules d'iridium – mécanisme réactionnel

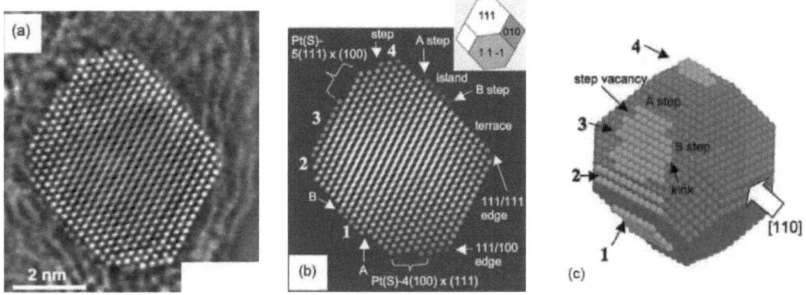

Figure V-3 : (a) Image reconstruite à partir d'images corrigées de l'aberration sphérique d'une particule de platine observée le long de la direction [110] ; (b) Image simulée ; (c) Modèle 3D de la nanoparticule.D'après Kirkland et Haigh [8].

Comme on l'a vu (figure V-1), le frittage à 700 °C conduit à des particules bien facettées, mais dans certains cas avec des « formes cinétiques », c'est-à-dire que pour de telles tailles, la température apparaît insuffisante pour permettre aux particules d'atteindre leur forme d'équilibre dans la durée de l'expérience (<6 h).

Les petites particules, à la fois dans les cas fritté et non fritté, ont aussi des formes d'octaèdres tronqués, comme l'illustre la figure V-4 (échantillon S500), qui montre en outre la coalescence de deux petites particules assistée par le faisceau électronique. Ce phénomène n'a été observé qu'exceptionnellement. Les deux particules fusionnent *via* l'accolement de facettes (100). Dans la dernière image de cette figure, la particule formée est monocristalline.

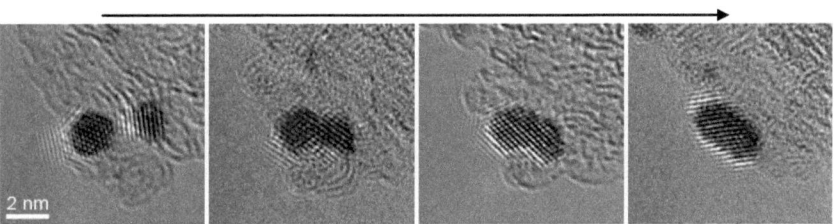

Figure V-4 : Série d'images HRTEM illustrant le frittage de deux petites particules de l'échantillon S500 enregistrées consécutivement (environ 1 image par minute).

V.2.3. Etat d'oxydation de l'iridium dans Ir/ASA (XPS)

La figure V-5 montre les résultats d'analyse XPS des échantillons : calciné puis réduit (C350R350), directement réduit (R350), réduit puis calciné (R350C350) et fritté à 700 °C puis réduit (S700). Le doublet 4f de l'iridium a été décomposé par ajustement numérique en quatre contributions (deux pour $4f_{5/2}$ et deux pour $4f_{7/2}$). Les résultats concernant $4f_{7/2}$ sont reportés dans le tableau V-2. D'après la littérature, l'énergie du niveau $4f_{7/2}$ de Ir métallique est de 60-61 eV, alors que pour l'oxyde d'iridium, elle est plus élevée [9, 10]. La composante $4f_{7/2}$ à 60,1-60,6 eV (en bleu sur la figure V-5) a donc été attribuée à l'iridium métallique, tandis que la contribution à 61,1-61,7 eV (en rose) a été attribuée à des atomes d'iridium en contact avec le support, ayant un état oxydé noté $Ir^{\delta+}$. Nos valeurs d'énergie pour Ir^0 sont proches de celles trouvées pour des catalyseurs Ir/SiO_2 (60,3 à 60,5 eV) [11, 6].[*]

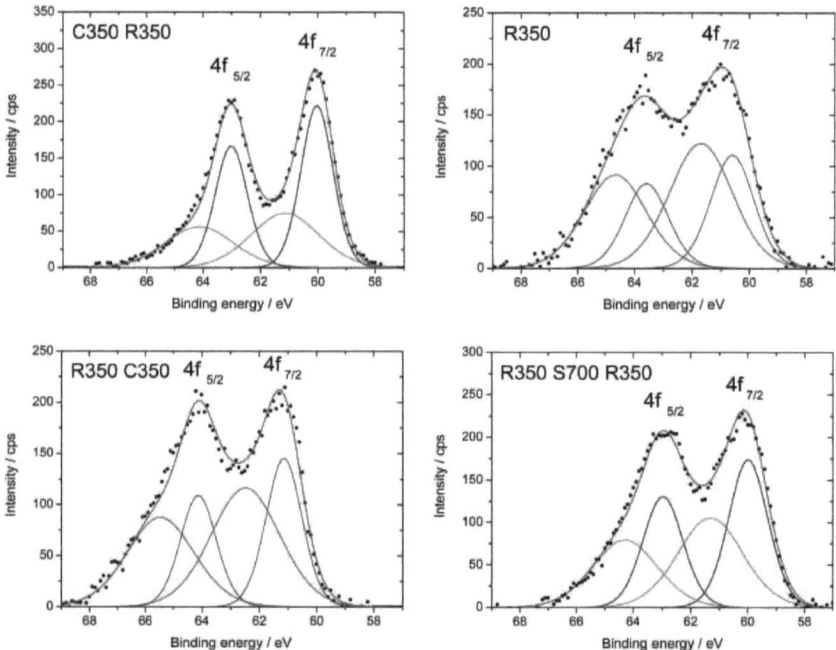

Figure V-5 : Spectres XPS des différents catalyseurs. Ajustements numériques : voire texte.

---

[*] Notons que l'exposition *in situ* de l'échantillon C350R350 à un flux de H_2 pur à 350 °C durant deux heures n'a pas affecté significativement les spectres (tableau V-2), montrant que l'iridium métallique de cet échantillon n'est pas oxydé à l'air à température ambiante.

Les énergies de liaison E_1 et E_2 pour R350 sont de 0,6 eV supérieures à celles correspondant à C350R350 et la contribution de l'oxyde est plus grande (62% vs 41%). Cela est dû à l'influence proportionnellement plus grande du support sur l'oxydation partielle de l'iridium dans le cas de R350 (particules plus petites). En outre, la calcination sous air de R350 (R350C350) a donné lieu à un décalage de +0.5 eV pour E_1 ($E_2 = 61,1$ eV) et de +0,8 eV pour E_2 ($E_3 = 62,5$ eV). Par conséquent, aucune contribution métallique demeure après le traitement d'oxydation, et les contributions $Ir^{\delta+}$ (due à l'interface métal-oxyde, $\delta<4$) et Ir^{IV} (IrO_2) coexistent. La contribution de la composante $Ir^{\delta+}$ est logiquement similaire sur les échantillons R350 (62%) et R350C350 (60%).

Enfin, dans le cas de l'échantillon fritté (S700), les paramètres énergétiques sont très similaires à ceux de C350R350 et la fraction d'espèces $Ir^{\delta+}$ est de 50%. Cette valeur, intermédiaire entre celle de R350 (38%, $<d>_{surf} = 1,5$ nm) et C350R350 (56-59%, $<d>_{surf} = 11$ nm), est conforme à la taille intermédiaire des particules ($<d>_{surf} = 7,8$ nm).

Tableau V-2 : Résultats des analyses des spectres XPS. E est l'énergie de liaison du niveau $4f_{7/2}$ et ΔE la largeur du pic à mi-hauteur (E_1 : composante Ir^0 ; E_2 : composante $Ir^{\delta+}$; E_3 : composante Ir^{IV}). La fraction de sites $Ir^{\delta+}$ est l'aire du pic de la composante E_2 rapportée à la somme des aires.

Traitement	$<d>_{surf}$ (nm)	E_1 (eV)	ΔE_1 (eV)	E_2 (eV)	ΔE_2 (eV)	E_3 (eV)	ΔE_3 (eV)	Fraction de $Ir^{\delta+}$ (%)
C350R350	11	60,0	1,4	61,1	2,9	-	-	41
C350R350 + R350 *in situ*	-	60,0	1,3	61,5	3,0	-	-	44
R350	1,5	60,6	1,9	61,7	2,7	-	-	62
R350 + C350	-	-	-	61,1	1,5	62,5	2,9	60
S700 + R350 *in situ*	7,8	60,0	1,7	61,3	2,8	-	-	50

V.2.4. Nature des sites métalliques (CO-DRIFTS)

Les deux spectres de la figure V-6 correspondent à l'adsorption de CO (0.8% CO dans He sous flux) sur Ir/ASA-R350 (taille moyenne de particule 1,5 nm) et Ir/ASA-S500

(5,4 nm) à température ambiante. Ils montrent une bande principale centrée à 2062 cm^{-1} pour R350 et à 2089 cm^{-1} pour S500. Des études sur monocristaux d'iridium ont montré que, selon l'orientation cristallographique considérée, la fréquence de vibration de CO adsorbé de façon linéaire (« *on top* ») était située entre 2000 et 2100 cm^{-1} [12-18]. Donc, dans notre cas, les bandes principales pour les deux catalyseurs sont attribuées à CO adsorbé linéairement. La bande de faible intensité observée dans le cas des petites particules à environ 1980 cm^{-1} est associée à CO ponté sur deux atomes d'iridium.

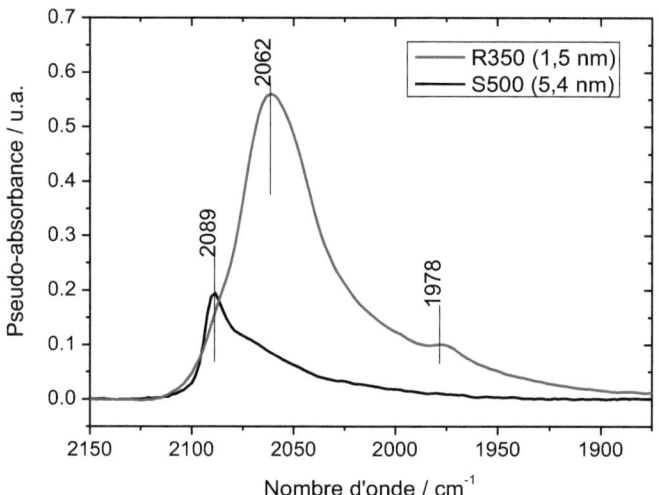

Figure V-6 : Spectres DRIFTS de CO adsorbé sur Ir/ASA-R350 et S500 à température ambiante.

La comparaison des spectres associés aux deux catalyseurs montre un rapport d'aires de 4,5 entre R350 et S500, en accord raisonnable avec le rapport de dispersion de 3,6. Une différence importante dans la position du pic principal est observée entre les deux échantillons (+27 cm^{-1} pour S500). Les sites d'adsorption de CO majoritaires étant linéaires pour les deux tailles, cette différence est due à la présence de sites de structure différente pour ce même mode d'adsorption entre les nanoparticules d'iridium de 1,5 nm et de 5,4 nm. Ponec et coll. ont suggéré que la position de la bande IR à un recouvrement élevé de CO était affectée par la taille des particules en raison de la présence de plusieurs types de sites : une bande IR à 2050 cm^{-1} correspond à l'adsorption linéaire de CO sur les atomes d'iridium de faible coordinence (arêtes et coins), tandis qu'une bande IR à 2080 cm^{-1} correspond aux atomes de coordinence élevée (facettes) [19]. En accord avec ces auteurs, nos spectres présentent une fréquence principale à 2062 cm^{-1} sur les petites particules (1,5 nm), qui s'explique par le fait que la proportion d'atomes d'arêtes augmente quand la taille diminue. Le même raisonnement explique la présence d'une fréquence principale située à 2089 cm^{-1} sur les grosses particules (5,4 nm), qui correspond aux sites de facettes. De plus, il est probable que l'épaulement observé aux alentours de 2070 cm^{-1} sur S500 correspond à l'adsorption linéaire de CO sur les arêtes des grosses particules et des petites particules non frittées. De même, l'épaulement observé à environ 2090 cm^{-1} sur R350 peut correspondre aux sites de facettes (peu nombreux) des petites particules.

Cette étude montre donc une différence de la nature des sites d'adsorption entre les deux catalyseurs, qui peut s'expliquer par des considérations géométriques (rapport surface/volume *vs.* taille). Nous reviendrons sur ces résultats dans la discussion des performances catalytiques.

V.3. Etude des performances catalytiques

V.3.1. Influence de la taille des particules d'iridium sur l'activité et la sélectivité

La figure V-7 nous permet de comparer les différents échantillons Ir/ASA vis-à-vis de l'activité et la sélectivité en POCC à isoconversion (*ca.* 50%). Comme prévu à partir des observations TEM, aucune différence significative n'est observée entre les échantillons R350, R450 et R550. De plus, cela démontre aussi que la réduction à 350 °C est suffisante pour décomposer complètement le précurseur acac (chapitre III).

La sélectivité en POCC est de *ca.* 14% pour les trois échantillons. La vitesse de conversion de la tétraline est de 3 $\mu mol.g_{cata}^{-1}.s^{-1}$, ce qui correspond à une fréquence de rotation (TOF, nombre de molécules de réactif par unité de temps et par atome métallique de surface) de 0,08 s^{-1}. En augmentant la taille des particules de 1.5 nm (R350) à 5,4 nm (S500) puis 7,8 nm (S700), la sélectivité en POCC augmente de façon spectaculaire de 14% à 29% puis 47%, respectivement. En ce qui concerne l'activité, le frittage des particules entraîne une baisse d'activité proportionnelle à la perte de surface. En effet, le TOF reste pratiquement constant et égal à 0,1 s^{-1}.

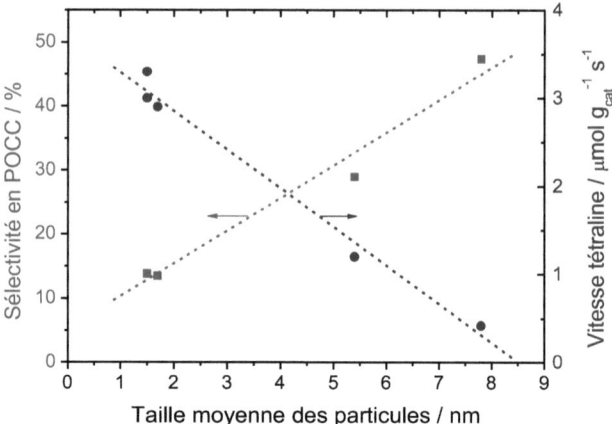

Figure V-7 : Vitesse de conversion de la tétraline et sélectivité en POCC à isoconversion de la tétraline (*ca.* 50%) et sous 100 ppm H$_2$S en fonction de la taille (<d>$_{surf}$) des particules d'iridium.

V.3.2. Effet de la température et de la concentration de H$_2$S

La figure V-8 montre la sélectivité en fonction de la température et de la concentration de H$_2$S pour deux échantillons, R350 (taille moyenne de particule 1,5 nm) et S700 (7,8 nm).

La sélectivité en POCC sur le catalyseur R350 est nulle à 250 °C et le maximum de sélectivité (14%) est obtenu à 350 °C (figure V-8a).[†] Ces résultats concordent avec les données de la littérature. Par exemple, Jiménez-Lopez et coll. ont mesuré, sur des catalyseurs mésoporeux à base de Rh [20, 21], une faible sélectivité en ouverture du cycle en dessous de 300 °C et un maximum autour de 350 °C.

En revanche, d'après la figure V-8c, la sélectivité en POCC sur S700 est déjà de 15% à 250 °C et augmente jusqu'à 47% à 350 °C. Ainsi, dans le cas des échantillons frittés, il est possible de diminuer la température de travail.

[†] Concernant l'activité, de 250 à 350 °C, la vitesse de conversion de la tétraline augmente de 0.7 µmol g^{-1} s^{-1} à 2.6 µmol g^{-1} s^{-1} (énergie d'activation apparente de 36 ± 4 kJ mol^{-1}).

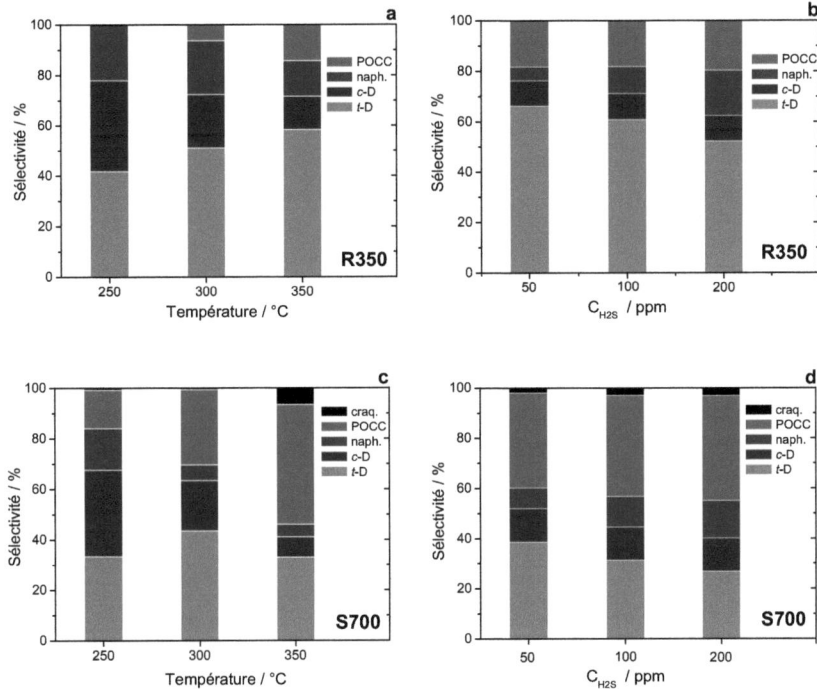

Figure V-8 : Sélectivité en fonction de la température et de la concentration de H$_2$S sur R350 et S700. Conditions pour (a) et (c) : 100 ppm H$_2$S, conversion environ 50% (sauf pour S700 à 250 °C, 22%). Conditions pour (b) et (d) : 350 °C, conversion variable.

Comme pour R350 (chapitre IV et figure V-8b), la figure V-8d montre que la sélectivité en POCC de S700 est quasi indépendante de la concentration de H$_2$S.

Afin d'analyser quantitativement la thiorésistance des solides en fonction de la taille des particules d'iridium, comme au chapitre IV, nous avons représenté les données en échelles logarithmiques (figure V-9) et ainsi calculé les pseudo-ordres par rapport à H$_2$S (figure V-10).

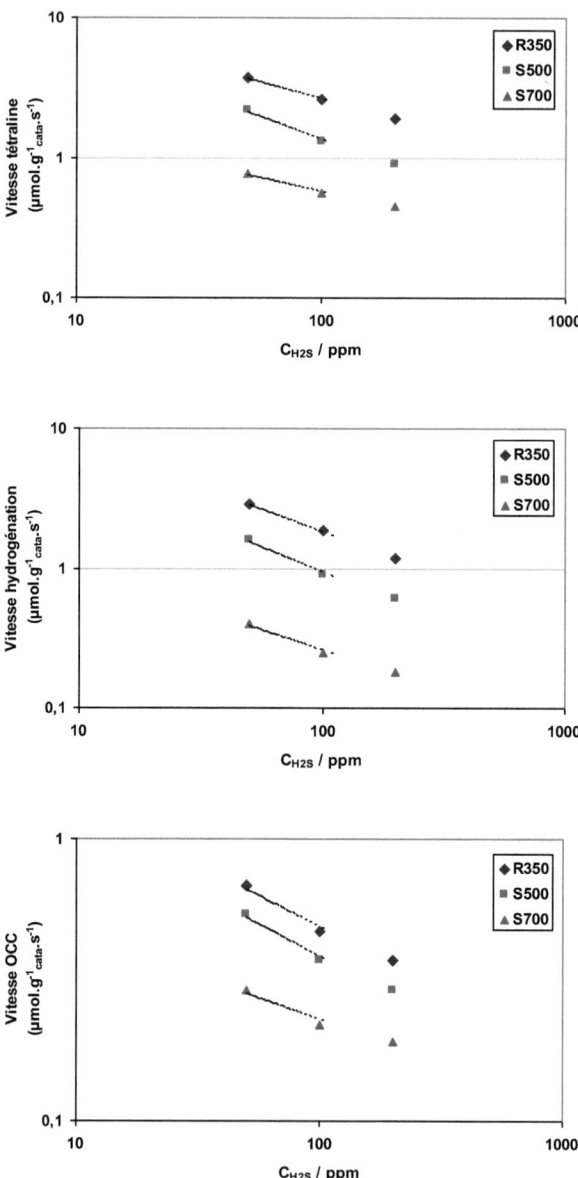

Figure V-9 : Vitesses en fonction de la concentration de H$_2$S (50, 100 et 200 ppm) pour trois catalyseurs Ir/ASA dont les tailles moyennes de particule sont 1,5 nm (R350), 5,4 nm (S500) et 7,8 nm (S700).

La figure V-10 montre que la thiorésistance globale des catalyseurs est insensible à la taille des particules puisque les valeurs de $n_{tétraline}$ obtenues pour les trois catalyseurs sont du même ordre de grandeur. Si on compare les pseudos-ordres relatifs à l'hydrogénation et l'OCC, on obtient $n_{hydrogénation}$ = -0,6 ± 0,1 et n_{OCC} = -0,4 ± 0,1 pour l'ensemble des catalyseurs. Cela signifie encore une fois que l'ouverture/contraction de cycle est un peu moins sensible au soufre que l'hydrogénation.

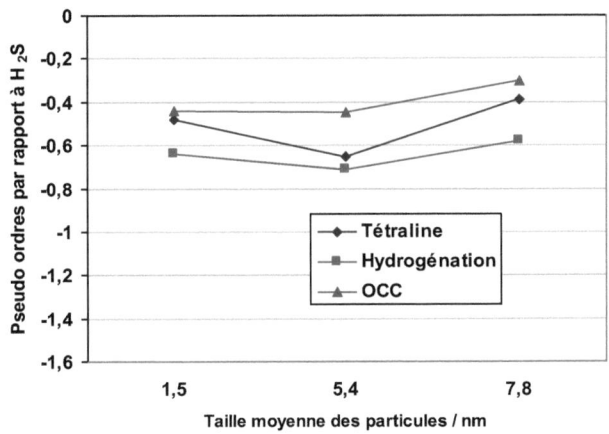

Figure V-10 : Pseudo-ordres par rapport à H_2S en fonction de la taille des particules.

V.3.3. Effet du taux de conversion de la tétraline

La figure V-11 présente les courbes de taux de transformation en produits i (TTi) en fonction du taux de transformation globale (TTG)[‡] de la réaction d'hydroconversion de la tétraline dans nos conditions standards (350 °C, 100 ppm de H_2S) sur les catalyseurs R350, S500 et S700. Sur les petites particules (R350), on peut distinguer schématiquement deux régimes de conversion : (1) jusqu'à mi-conversion, augmentation quasi linéaire de l'ensemble des rendements en produits ; (2) au-delà, baisse du rendement en *cis*-décaline, augmentation ralentie du rendement en *trans*-décaline et augmentation accélérée du rendement en POCC. Ainsi, à haute conversion, la formation des décalines semble diminuer au profit des POCC. Lorsque la taille des particules augmente (S500 puis S700),

---

[‡] La fraction de naphtalène résultant en grande partie de l'équilibre thermodynamique entre naphtalène et tétraline, dans la représentation TTi-TTG nous considérons que la fraction de réactif (TTG) est égale au taux de conversion de la tétraline moins la fraction de naphtalène.

la *cis*-décaline semble se transformer en POCC, et cela à des conversions de plus en plus basses.

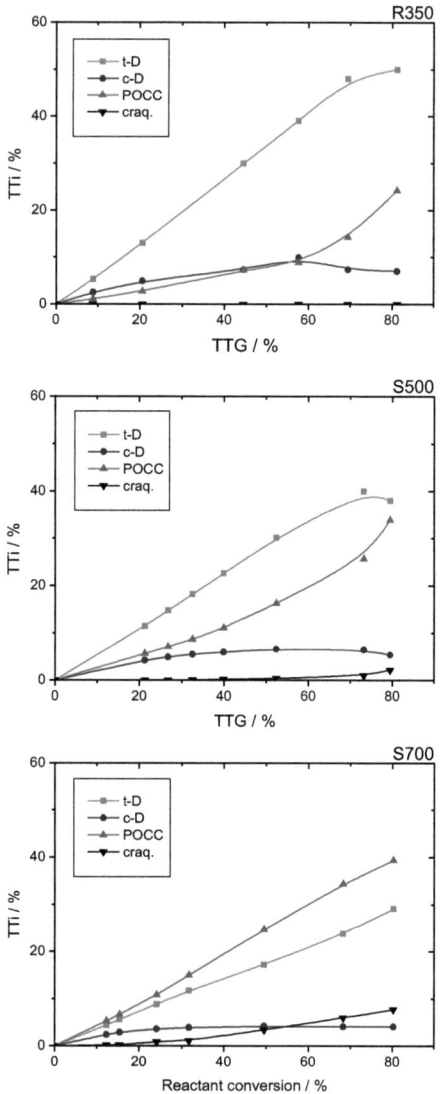

Figure V-11 : Evolution des rendements en produits en fonction du taux de transformation global pour l'hydroconversion de la tétraline sur trois catalyseurs Ir/ASA à 350 °C et sous 100 ppm H_2S.

La figure V-12 représente la fraction isomérique *cis* de la décaline en fonction du taux de transformation global. Ces données sont tirées de celles présentées à la figure V-11 et de données à concentration de H$_2$S variable (figure V-8). On observe que le rapport *cis/trans* diminue lorsque la conversion de tétraline augmente, et qu'il est indépendant de la taille des particules. Cette insensibilité du rapport isomérique à la taille des particules malgré la sensibilité de la sélectivité en POCC nous fait penser que la diminution régulière est due non pas à une transformation de la *cis*-décaline en POCC (comme observé sur Pt-HY [32]) mais à la stéréo-isomérisation de la *cis*-décaline en *trans*-décaline, qui est l'isomère le plus stable. Cela est en accord avec les travaux de la thèse de Santiago Casu, qui montrent que la vitesse de transformation de la décaline en POCC est très inférieure (facteur 22) à celle relative à la tétraline dans les mêmes conditions expérimentales sur Ir/ASA [22].

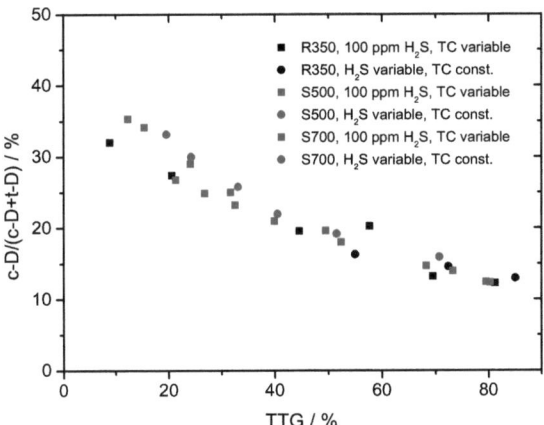

Figure V-12 : Variation de la fraction de l'isomère *cis* de la décaline en fonction du taux de transformation global.

V.4. Analyse détaillée de la sélectivité par GCxGC-MS

Cette analyse détaillée de la distribution des produits de conversion de la tétraline a été longue à mettre en œuvre et n'a pu être utilisée qu'en fin de thèse dans le cadre de notre étude sur l'effet de la taille des particules. Cependant, seule une telle analyse permet une compréhension du mécanisme liée à la connaissance précise des produits formés.

V.4.1. Identification des produits de conversion de la tétraline

Selon les conditions de réaction et la dispersion de l'iridium sur ASA, entre 30 et 100 produits C_{10} sont formés. La GC classique (unidimensionnelle) utilisée lors de nos analyses en ligne n'est pas en mesure de séparer tous ces produits, certains POCC étant co-élués (figure V-14). Nous avons donc tenté d'identifier les produits d'hydroconversion de la tétraline par une technique plus performante, la chromatographie en phase gazeuse bidimensionnelle couplée à la spectrométrie de masse (GCxGC-MS). Dans cette technique, les molécules sont séparées sur la base de propriétés chimiques indépendantes (conditions de séparation « orthogonales ») : la volatilité pour la première colonne et polarité pour la seconde. De plus, une analyse NMR des produits de réaction a été faite pour affiner l'interprétation des données de GCxGC.

Selon la richesse de la base de données MS employée pour l'identification des produits par GCxGC-MS, des molécules monocycliques $C_{10}H_{18}$ avec une insaturation (endocyclique ou exocyclique) peuvent être retenues comme solutions plausibles au lieu des composés bicycliques saturés $C_{10}H_{18}$ (bien qu'avec un indice de confiance insuffisant). En effet, la plupart des hydrocarbures bicycliques ne sont pas inclus dans la base de données MS que nous avons employée, pourtant la plus complète (NIST, *National Institute of Standards and Technology*). Cette ambigüité analytique a été soulignée récemment par Calemma et coll., qui mettent en évidence le problème de distinction entre les molécules bicycliques saturées et les molécules monocycliques insaturées avec le même nombre d'atomes de carbones.[23]

La figure V-13 montre un spectre de résonance magnétique nucléaire du proton pour un mélange obtenu après hydroconversion de la tétraline. La tétraline (T), le naphtalène (N) et la décaline sont identifiés par cette analyse. En revanche, les nombreux autres produits conduisent à un mélange de contributions, ce qui empêche leur identification. Cependant, ces données excluent clairement la présence de doubles liaisons C=C (oléfiniques).

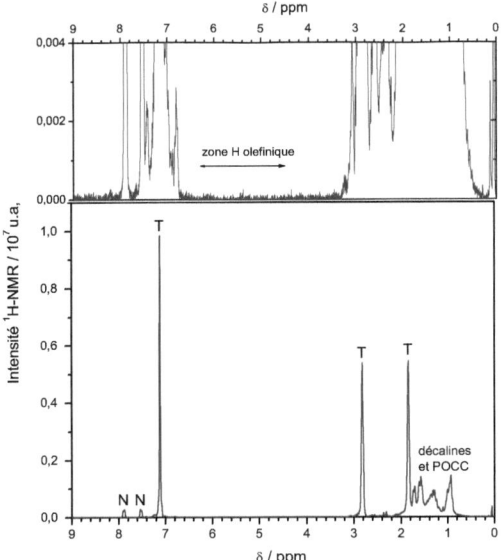

Figure V-13 : Spectres ^{1}H-NMR des produits d'hydroconversion de la tétraline sur Ir/ASA-S700 (70% de conversion, 350 °C, 100 ppm H_2S).

La figure V-14 montre un exemple d'analyse GCxGC-MS des produits d'hydroconversion de la tétraline obtenus à 50% de conversion, 350 °C et sous 100 ppm H_2S sur le catalyseur S700. Dans de telles conditions, la sélectivité en POCC étant élevée (47%, voir section V.3.1), une centaine de composés en C_{10} sont détectés.

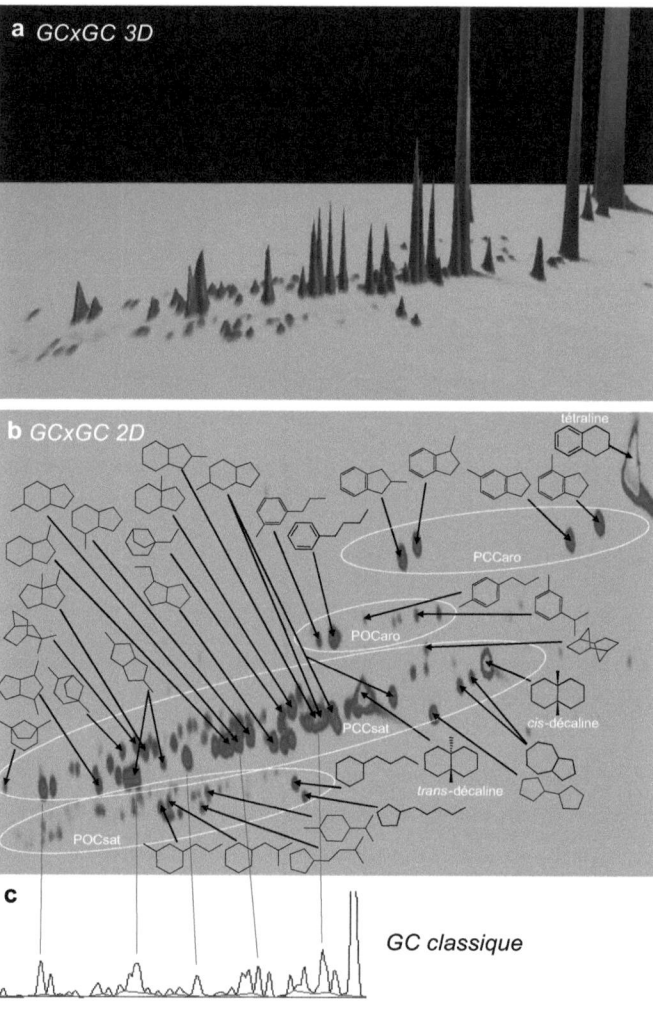

Figure V-14 : (a) Chromatogramme GCxGC représenté en trois dimensions ; (b) chromatogramme correpondant projeté sur deux dimensions ; (c) chromatogramme GC classique du même échantillon (50% de conversion, 350 °C, 100 ppm H$_2$S, catalyseur S700).

Après une optimisation des conditions de séparation GC, une analyse minutieuse des spectres de masse et une comparaison précise avec les données de la littérature, en particulier les travaux de Petrov et coll. sur les hydrocarbures polycycliques saturés [24-29], nous avons pu identifier de nombreux produits. Cela a permis de classer les POCC en quatre sous-familles distinctes, alignées et séparées sur le chromatogramme bidimensionnel (figure V-14b):

- Produits de contraction de cycle saturés (PCCsat) : c'est la famille la plus importante, contenant des composés polycycliques saturés. Elle comprend principalement des bicyclononanes et des bicyclo-octanes. Les produits identifiés sont les suivants : le tricyclo[4.2.1.1(2,5)]décane, huit méthyl-bicyclo[4.3.0]nonanes, le 1-méthyl-bicyclo[3.3.1]nonane, cinq diméthyl- ou éthyl-bicyclo[3.3.0]octanes, trois diméthyl- ou éthyl-bicyclo[3.2.1]octanes, le 2,2-diméthyl-bicyclo[2.2.2]octane et le bicyclopentyle.

- Produits de contraction de cycle aromatiques (PCCaro) : cette famille contient les quatre isomères du méthyl-indane.

- Produits d'ouverture de cycle saturés (POCsat) : cette famille contient des alkyl-cyclohexanes et des alkyl-cyclopentanes. Les produits les plus intéressants en termes d'indice de cétane sont le n-butyl-cyclohexane (le POCsat le plus abondant, pour lequel l'IC a été évalué à 49 [30] ou 62 [31], comparativement à 10-20 pour la tétraline et 36-38 pour la décaline) et le n-pentyl-cyclopentane. Remarquons que les POCsat résultent de l'ouverture d'un seul cycle.

- Produits d'ouverture de cycle aromatiques (POCaro) : cette famille contient les alkyl-cyclobenzènes, parmi lesquels le n-butyl-cyclobenzène est le plus abondant.

En fait, tous les produits n'ont pas pu être identifiés, en particulier ceux correspondant à six pics GCxGC intenses présents sur le côté gauche de la région « PCCsat ». Cependant, à partir des données MS et NMR, nous avons la certitude que ce sont tous des composés $C_{10}H_{18}$ polycycliques saturés.

Notons que la projection (figure V-14c) du chromatogramme bidimensionnel selon la première dimension (abscisses sur la figure V-14b) montre une grande similarité avec le chromatogramme classique correspondant dans la région des produits d'ouverture et de contraction de cycle, en raison de l'utilisation du même type de colonne capillaire non polaire dans les deux outils analytiques. Cela permet une comparaison directe des analyses GC en ligne avec les analyses GCxGC-MS.

Le schéma ci-dessous résume les différentes familles de produits, représentées par leur produit majoritaire : PCC aro (méthyl-indane), PCC sat (métyl-bicyclo[4.3.0]nonane), POCaro (n-butyl-benzène, nBB) et POCsat (n-butyl-cyclohexane, nBCH).

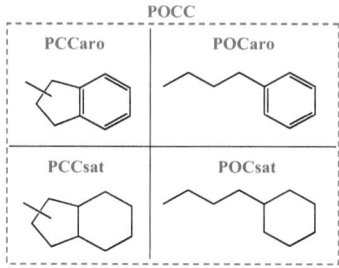

V.4.2. Influence de la taille des particules d'iridium sur la distribution des produits

Les figures V-15 (chromatogrammes) et V-16 (analyse quantitative des données GCxGC) montrent l'évolution de la distribution des produits avec la taille des particules (échantillons R350',[§] S500 et S700) dans des conditions de réaction standards (350 °C, 100 ppm H_2S, 50% de conversion). On peut immédiatement constater que le nombre de produits augmente avec la taille. Trois familles de composés peuvent être distinguées sur la figure V-15 : PCCsat (au milieu), POCaro (en haut) et POCsat (en bas).

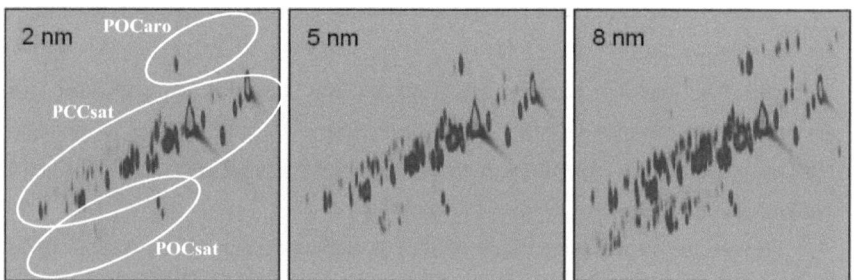

Figure V-15 : Chromatogrammes GCxGC des produits obtenus après réaction (conversion 50%, 350 °C, 100 ppm H_2S) sur des échantillons Ir/ASA de tailles moyennes de particule différentes.

[§] Cet échantillon résulte d'une tentative de frittage non réussie de l'échantillon R350. Cette expérience a tout de même permis d'obtenir des particules de taille « surfacique » 2.0±0.5 nm.

Le principal enseignement de cette analyse détaillée par rapport à l'analyse en ligne est que, parmi les POCC, la proportion de produits d'ouverture de cycle est faible. La majorité des produits sont des produits de contraction de cycle saturés. Cependant, d'après la figure V-16, alors que la sélectivité en PCC augmente de 22% à 41%, la sélectivité en POC augmente de 0,8 à 5,1% lorsque la taille des particules d'iridium augmente de 2 à 8 nm.

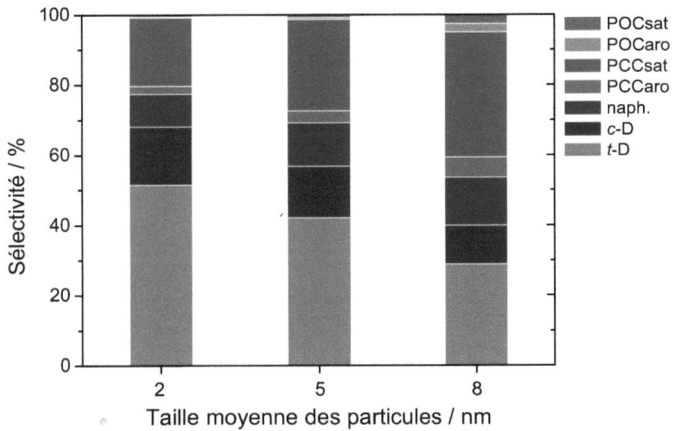

Figure V-16 : Sélectivité en produits C_{10} déterminée à partir des analyses GCxGC représentées à la figure V-15 (conversion 50%, 350 °C, 100 ppm H_2S).

Lorsque la taille des particules varie, la fraction de PCCsat dans les produits de contraction de cycle demeure dans la gamme 86-90%, et celle de POCsat dans les produits d'ouverture de cycle dans la gamme 54-67% (figure V-17b). Une analyse plus approfondie de la distribution des POC montre que les produits principaux sont ceux dont la chaîne alkyle est linéaire (*i.e.*, non substituée), ce qui est favorable à l'indice de cétane [30]. Ainsi, la figure V-17 représente aussi l'évolution de la fraction de produits à chaîne alkyle linéaire : n-butyl-benzène (nBB), n-butyl-cyclohexane (nBCH) et n-pentyl-cyclopentane (nPCP). Il faut noter que contrairement au produit aromatique (nBB), les deux produits saturés représentent une très faible part de l'ensemble des produits de conversion de la tétraline (figure V-17a). En outre, quand la taille des particules augmente, la proportion de nBCH et nPCP dans les POCsat diminue, et ces produits laissent la place, comme le montre la figure V-15 (en s'aidant de la figure V-14b), à de nombreux POCsat à chaîne alkyle ramifiée et/ou à chaînes plus courtes.

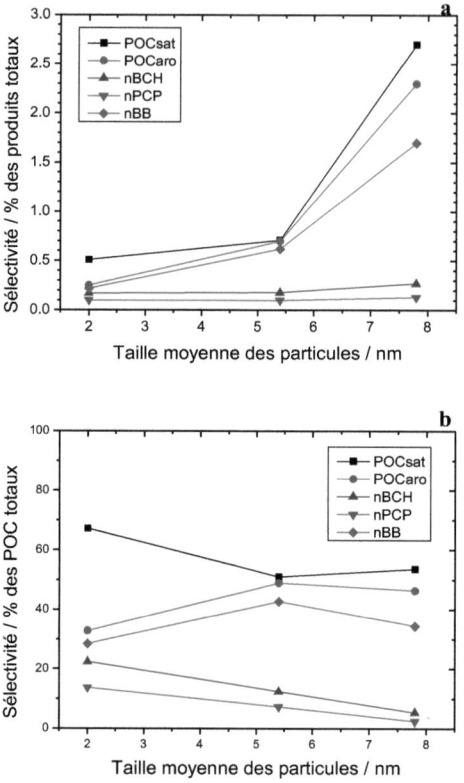

Figure V-17 : Sélectivité en POC relative à l'ensemble des produits (a) et à l'ensemble des produits d'ouverture de cycle (b) en fonction de la taille des particules d'iridium. Conditions : conversion 50%, 350 °C, 100 ppm H_2S.

En résumé, les produits de contraction de cycle saturés représentent jusqu'au tiers de l'ensemble des produits de conversion de la tétraline (grosses particules), alors que la proportion de produits d'ouverture de cycle ne dépasse jamais 5% dans nos conditions. Le n-butylbenzène est le POC le plus abondant.

V.4.3. Discussion des performances catalytiques

Comme on vient de le voir, la sélectivité de Ir/ASA en produits d'ouverture et de contraction de cycle augmente avec la taille des particules. A 350 °C et sous 100 ppm H_2S, cette sélectivité atteint 47% à 50% de conversion de la tétraline (54% si l'on inclut les produits de craquage, comme dans de nombreuses publications). Dans nos conditions, le pourcentage de craquage est toujours inférieur à 5%. Cependant, la sélectivité en ouverture de cycle reste relativement faible (5% sur les grosses particules), même si elle peut encore augmenter à conversions supérieures, mais accompagnée d'un taux de craquage supérieur.

Pour l'hydroconversion de la tétraline, Resasco et coll. ont obtenu une sélectivité en POC, PCC et produits de craquage de 16%, 21% et 7%, respectivement, pour 1%Pt/HY à 325 °C, à une conversion de 93% et en l'absence de soufre [32]. Arribas et coll. ont mesuré des sélectivités en POC/PCC/craquage de respectivement 16/50/10% et 20/50/20% sur 1%Pt/USY (275 °C) et sur 1%Pt/ITQ21 (300 °C), à conversion totale et en l'absence de soufre [33, 34]. Par promotion du catalyseur 0,5%Pt/USY avec 1,2% de potassium, Ma et coll. ont réduit la proportion de produits légers à 5%, et obtenu une sélectivité en POC/PCC de 21/7 % à 250 °C, toujours à conversion totale et en l'absence de soufre [35]. Liu et coll. ont obtenu sur Pt-HDAY, à 280 °C, pour une conversion de 87% et en présence de thiophène, une sélectivité en POC/PCC de 29/7 % mais avec 15% de craquage et une désactivation importante [36].

Jiménez-López et coll. ont étudié l'hydroconversion de la tétraline sur différents métaux (Co, Ir, Pt, Pd, Rh, Ru Os et plusieurs combinaisons) supportés sur de la silice mésoporeuse dopée au zirconium [20, 21, 37]. Ils ont obtenu, parmi plus de 70 produits, jusqu'à 50-60% de produits de craquage et isomérisation en C_7-C_{10} (qui n'ont pas été distingués) sur Ru et/ou Os, en plus d'une importante quantité de produits volatils (C_1-C_6) [21]. Ces catalyseurs se désactivent graduellement en présence de dibenzothiophène.

Il ressort de ces études que l'ouverture de cycle est en général associée à un haut degré d'isomérisation (contraction de cycle). Notons que peu de travaux ont été réalisés à conversion modérée et en présence de soufre, et que les catalyseurs sont souvent progressivement désactivés sous l'effet de l'empoisonnement par le carbone (cokage) et/ou le soufre.

D'autre part, toutes ces études ont utilisé la GC-MS classique pour l'identification des produits, bien que dans certains cas des méthodes complémentaires aient été employées comme l'analyse des temps de rétention, des points d'ébullition et/ou des fragmentations MS [32, 38, 39]. Comme nous l'avons montré dans ce chapitre, seule la GC bidimensionnelle permet de séparer tous les produits présents dans les mélanges pétroliers complexes tels que les dérivés de la tétraline, et en particulier d'extraire la contribution des produits d'ouverture de cycle. En outre, comme déjà mentionné, les produits de contraction de cycle saturés, qui sont de loin les POCC les plus abondants, peuvent facilement être confondus avec des produits d'ouverture oléfiniques lors de l'utilisation des bases de données MS [23]. Nous pensons donc que les valeurs de sélectivité annoncées dans la littérature sont probablement surestimées. Cela est d'autant plus vrai dans le cas des catalyseurs zéolithiques, sur lesquels plus de 200 produits d'hydroconversion de la tétraline peuvent être formés [32, 34]. En conséquence, nous estimons qu'en l'absence de séparation bidimensionnelle, il est préférable de regrouper les produits d'ouverture et de contraction de cycle (POCC), comme nous l'avons fait au chapitre IV.

V.5. Discussion de l'effet de taille et du mécanisme réactionnel

L'effet de taille est un phénomène classique en catalyse hétérogène [1, 40, 41]. Dans un premier temps, pour expliquer l'important impact de la taille des particules sur la sélectivité, nous avons pensé à un effet morphologique. D'après nos observations HRTEM (section V.2.2), la forme des particules est octaédrique tronquée, aussi bien dans le cas des petites que des grosses particules. En revanche, lorsque la taille diminue, la proportion de sites de faible coordination (arêtes et coins) augmente. Cela peut expliquer la modification observée de la nature des sites d'adsorption de CO lorsque la taille des particules varie (section V.2.4). Selon le site d'adsorption, la taille des particules et la morphologie peuvent influencer la façon dont s'adsorbe une molécule plus grande telle que la tétraline (*ca.* 7 Å), par un effet dit « d'ensemble ».

Des expériences complémentaires, réalisées en fin de thèse et présentées ci-dessous, nous amènent toutefois à revoir notre interprétation.

V.5.1. « Intimité » entre sites métalliques et sites acides

Il est intéressant d'analyser séparément la réactivité du métal et du support. La figure V-18 présente les rendements en produits d'hydroconversion de la tétraline pour l'ASA seul, l'iridium sur un support relativement neutre (3%Ir/SiO$_2$) et un mélange mécanique des deux échantillons. La taille des particules d'iridium supporté sur silice est comparable à celle mesurée pour l'échantillon 1%Ir/SiO$_2$ (chapitre IV) et l'échantillon S700 (8 nm). Le mélange mécanique réalisé (50 mg 3%Ir/SiO$_2$ + 100 mg ASA) ayant de plus une charge métallique globale de 1%, il est possible de comparer directement ses propriétés à celles de l'échantillon 1%Ir/ASA-S700.

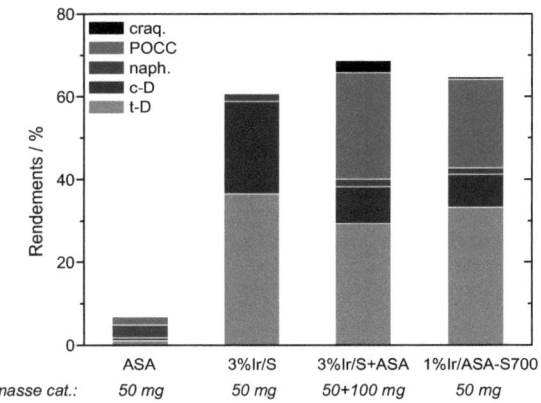

Figure V-18 : Rendements d'hydroconversion de la tétraline à 350 °C en l'absence de soufre sur différents échantillons (ASA : SIRAL-40 seul ; S : SiO$_2$).

La figure V-18 montre que l'ASA seul est peu actif mais catalyse la formation de POCC. Ir/SiO$_2$, comme déjà montré, est actif en hydrogénation mais inactif en OCC. Le mélange mécanique Ir/SiO$_2$+ASA s'avère stable et actif en hydrogénation et OCC, malgré une activité environ trois fois inférieure à celle de Ir/ASA (masse trois fois supérieure). Sa sélectivité en POCC (37%) est proche de celle de Ir/ASA (33%) à conversion similaire et en l'absence de soufre. La principale différence est un taux de craquage supérieur (4% vs. 1% pour Ir/ASA). Notons de plus qu'en présence de soufre, la conversion sur le mélange mécanique chute fortement (de 69 à 7% pour 50 ppm de H$_2$S).

Premièrement, ces résultats confirment que la thiorésistance des catalyseurs Ir/ASA nécessite une proximité des sites métalliques et des sites acides, qui permet le transfert électronique des nanoparticules vers le support acide, fragilisant la liaison S-Ir (chapitre IV). Deuxièmement, la réaction (en l'absence de soufre) ne nécessite pas, pour avoir lieu, de contact direct entre métal et support. En plus de la désorption/réadsorption des intermédiaires réactionnels, le phénomène de « *spillover* » (« épandage ») d'hydrogène permet d'interpréter ces résultats en considérant que l'hydroconversion de l'hydrocarbure peut avoir lieu à une certaine distance du métal. De plus, la création de sites catalytiques actifs par *spillover* d'hydrogène a été reconnue et utilisée dans le cas de métaux supportés en hydrogénation/déshydrogénation, hydrocraquage et hydro-isomérisation [42, 43]. Plusieurs études ont montré que le *spillover* d'hydrogène pouvait générer des sites acides sur des supports oxydes, dont les zéolithes. Par exemple, Fujimoto et coll. [44] ont montré que le mélange mécanique de catalyseurs Pt/SiO$_2$ et H-ZSM-5 conduisait à une sélectivité et à une conversion élevées dans l'hydrogénation du benzène, égales à celles obtenues sur un catalyseur Pt/ZSM-5, tandis que Pt/SiO$_2$ et H-ZSM-5 seuls sont inefficaces. Ces auteurs ont attribué l'activité du mélange mécanique à la génération des sites acides de Brönsted par *hydrogen spillover*.

V.5.2. Proportions de sites acides et de sites métalliques

Pour déterminer si l'effet de taille est intrinsèque (voir plus haut) ou lié à la concentration relative des sites métalliques et des sites acides du support, nous avons mélangé mécaniquement l'échantillon Ir/ASA-R350 (50 mg) à de l'ASA (100 mg). Les résultats précédents ayant montré que le mélange mécanique n'affectait pas la sélectivité, nous nous autorisons à comparer cet échantillon mélangé à Ir/ASA-R350 seul. Les résultats de catalyse en l'absence et en présence de H$_2$S sont présentés à la figure V-19.

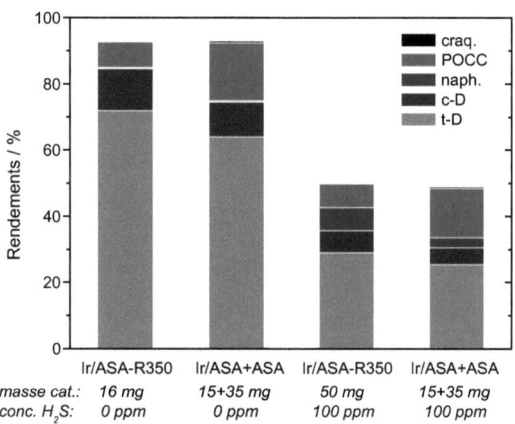

Figure V-19 : Rendements d'hydroconversion de la tétraline à 350 °C sur différents échantillons (ASA : SIRAL-40 seul).

Bien que la taille de particule soit identique, Ir/ASA+ASA se montre plus sélectif en POCC que Ir/ASA (pour une activité par g de métal quasi identique), aussi bien en présence qu'en l'absence de soufre. Cela semble montrer que le critère pertinent pour la sélectivité est non pas la taille des particules, mais le rapport quantitatif entre phase métallique et phase oxyde exposées.

Pour vérifier cette hypothèse de façon quantitative, nous avons calculé le rapport entre le nombre de sites acides (N_{acide}) et le nombre de sites métalliques ($N_{métal}$), calculé comme suit :

$$\frac{N_{acide}}{N_{métal}} = \frac{masse_{ASA} \; n_{acide} \; M_{Ir}}{masse_{cat} \; charge_{métal} \; dispersion_{métal}}$$

où n_{acide} est la concentration de sites acides de Brönsted dans l'ASA (SIRAL-40). n_{acide} est d'environ 20 µmol g^{-1} d'après l'estimation faite au chapitre IV (M_{Ir} = 192 g mol^{-1}).

La figure V-20 montre l'évolution de la sélectivité en POCC avec le rapport $N_{acide}/N_{métal}$ en utilisant les données correspondant aux échantillons R350, S500 et S700 (comme dans la figure V-7 où seule la dispersion, inversement proportionnelle à la taille, variait), ainsi qu'à R350+ASA. Le mélange mécanique possédant le même rapport $N_{acide}/N_{métal}$ (pour une taille de particule différente) et la même sélectivité en POCC que S500 à isoconversion, il vient se placer à côté du point associé à cet échantillon.

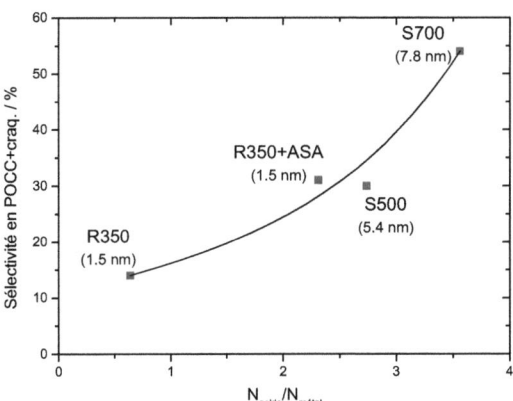

Figure V-20 : Sélectivité en POCC et produits de craquage en fonction du rapport massique entre le nombre de sites acides du support et le nombre d'atomes métalliques de surface. Conditions : 350°C, 100 ppm H$_2$S, 50% de conversion, 50 mg de catalyseur.

Remarquons enfin que la large gamme de sélectivités balayée dans nos expériences (en passant de R350 à S700) est associée à des quantités voisines de sites acides de Brönsted et d'atomes métalliques de surface.

En conclusion de cette partie, l'effet de taille observé semble en fait principalement relié à la variation du rapport entre le nombre de sites acides (de Brönsted, comme montré au chapitre IV) du support et le nombre de sites métalliques.[**] La taille des particules n'est qu'un moyen de faire varier la quantité relative de métal exposé. Pour confirmer ce résultat, il sera utile de faire varier la quantité de sites métalliques par simple variation de la charge métallique.

V.5.3. Proposition de schéma réactionnel

A partir des différents résultats de cette thèse, nous proposons le schéma mécanistique bifonctionnel de la figure V-21. Ce schéma, justifié ci-après, est (forcément) simplifié car il ne montre que certains produits importants et les étapes privilégiées. En effet, en catalyses métallique et acide, différents processus sont possibles pour obtenir un même composé.

D'après ce schéma, on s'attend à une importance accrue de la voie acide pour des particules plus grosses ou en présence de soufre, ce qui est conforme à nos mesures de sélectivité (figures V-19).

Sur le métal, la tétraline est partiellement hydrogénée en Δ-octaline.[46] Cet intermédiaire (non présent en sortie de réacteur) peut soit être complètement hydrogéné en décalines, soit diffuser vers le support et former un carbocation par protonation sur un site acide de Brönsted. Ce carbocation peut ensuite subir différentes transformations (réarrangement, β-scission et/ou transfert d'hydrure [47]) avant d'aboutir à la formation de POCC, incluant les PCCsat, qui sont les produits majoritaires.[††] Les décalines et les PCCsat sont donc formés selon des voies parallèles, comme le montrent les résultats TTi-TTG (section V.3.3). En outre, la stéréo-isomérisation de la décaline aurait lieu via les isomères de l'octaline.

[**] Lorsque $N_{acide}/N_{métal}$ augmente, on s'éloigne des conditions d' « idéalité » du catalyseur bifonctionnel, conditions dans lesquelles la fonction hydrogénante/déshydrogénante (métal) est forte.[45]
[††] Sur catalyseurs monofonctionnels acides, l'isomérisation par contraction de cycle des cyclo-alcanes est un processus plus rapide que l'ouverture. De plus, l'ouverture du deuxième cycle est toujours beaucoup plus lente que la première ouverture.[45]

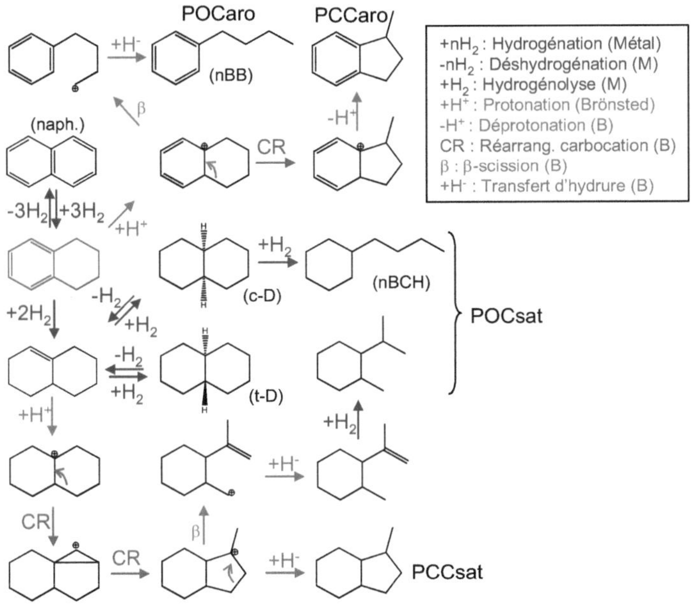

Figure V-21 : Schéma réactionnel simplifié de l'hydroconversion de la tétraline sur Ir/ASA.

Nous associons la formation des indanes (PCCaro) et du nBB (POCaro à chaîne alkyle linéaire) à la voie acide car leur concentration augmente avec la proportion de sites acides (figure V-17a). En revanche, le nBCH et le nPCP seraient produits par voie métallique (hydrogénolyse et/ou isomérisation) car leur concentration est insensible à la proportion de sites acides. Sur le schéma de la figure V-21, nous n'avons représenté que des produits de conversion primaires, mais les données GCxGC montrent que pour des conversions et/ou des rapports $N_{acide}/N_{métal}$ élevés, de nombreux produits ramifiés (secondaires) sont formés (PCCsat et POC) par mécanismes acides.

En conclusion, le rôle du métal dans la formation des POCC serait principalement d'activer l'hydrogène et d'hydrogéner partiellement la tétraline. La supériorité de Ir par rapport à Pd à $N_{acide}/N_{métal}$ fixe (chapitre IV) s'expliquerait non pas par un pouvoir hydrogénolysant supérieur, mais par un pouvoir hydrogénant inférieur. En effet, sur Pd/ASA, la voie d'hydrogénation de l'octaline conduisant aux décalines est probablement privilégiée par rapport à sa protonation sur le support. Cela montre, en plus de l'équilibre entre fonction acides et métalliques, l'importance de la force de chaque fonction.

Références

[1] F.G. Gault, *Adv. Catal.* **1981**, *30*, 1.

[2] R. Kramer, H. Zuegg, *J. Catal.* **1983**, *80*, 446.

[3] R. Kramer, H. Zuegg, *J. Catal.* **1984**, *85*, 530.

[4] J.G. van Senden, *J. Catal.* **1984**, *87*, 468.

[5] P.T. Do, W.E. Alvarez, D.E. Resasco, *J. Catal.* **2006**, *238*, 477.

[6] S.L. González-Cortés, S. Dorkjampa, P.T. Do, Z. Li, P.T. Do, Z. Li, J.M. Ramallo-López, F.G. Requejo, *Chem. Eng. J.* **2008**, *139*, 147.

[7] H. Du, C. Fairbridge, H. Yang, Z. Ring, *Appl. Catal. A* **2005**, *294*, 1.

[8] A.I. Kirkland, S.J. Haigh, Jeol News **2009**, *44*, 6.

[9] S. Thanawala, D.G. Georgiev, R.J. Baird, G. Auner, Thin Solid Films **2007**, *515*, 7059.

[10] M. Peuckert, *Surf. Sci.* **1984**, *144*, 451.

[11] P. Reyes, M.C. Aguirre, G. Pecchi, J.L.G. Fierro, *J. Mol. Catal. A* **2000**, *164*, 245.

[12] G.B. McVicker, R.T.K Baker, R.L. Garten, E.L. Kugler, *J. Catal.* **1980**, *65*, 207.

[13] O. Alexeev, B.C Gates, *J. Catal.* **1998**, *176*, 310.

[14] K. Tanaka, K.L. Watters, R.F. Howe, *J. Catal.* **1982**, *75*, 23.

[15] F. Solymosi, E. Novak, A. Molnar, *J. Phys. Chem.* **1990**, *94*, 7250.

[16] P. Gelin, A. Auroux, Y. Ben Taarit, P.C. Gravelle, *Appl. Catal.* **1989**, *46*, 227.

[17] O. Alexeev, G. Panjabi, B.C. Gates, *J. Catal.* **1998**, *173*, 196.

[18] T.V. Voskobojnikov, E.S. Shpiro, H. Landmesser, N.I. Jaeger, G. Schulz-Ekloff, *J. Mol. Catal. A* **1996**, *104*, 299.

[19] F.J.C.M. Toolenaar, A.G.T.M. Bastein, V. Ponec, *J. Catal.* **1983**, *82*, 35.

[20] E. Rodríguez-Castellón, J. Mérida-Robles, L. Díaz, P. Maireles-Torres, D.J. Jones, J. Rozière, A. Jiménez-López, *Appl. Catal. A* **2004**, *260*, 9.

[21] D. Eliche-Quesada, J.M. Mérida-Robles, E. Rodríguez-Castellón, A. Jiménez-López, *Appl. Catal. A* **2005**, *279*, 209.

[22] S. Casu, thèse 152-08 Université Lyon 1, **2008**.

[23] C. Flego, N. Gigantiello, W.O. Parker Jr., V. Calemma, *J. Chromatogr. A* **2009**, *1216*, 2891.

[24] Y.V. Denisov, N.S. Vorobeva, A.A. Petrov, *Neftekhimiya* **1977**, *17*, 656.

[25] Y.V. Denisov, I.A. Matveeva, I.M. Sokolova, A.A. Petrov, *Neftekhimiya* **1977**, *17*, 352.

[26] Y.V. Denisov, E.S. Gervits, I.M. Sokolova, A.A. Petrov, *Neftekhimiya* **1977**, *17*, 186.

[27] Y.V. Denisov, I.M. Sokolova, A.A. Petrov, *Neftekhimiya* **1977**, *17*, 491.

[28] L.S. Golovkina, G.V. Rusinova, I.M. Sokolova, I.A. Matveevan, G.E. Gervits, A.A. Petrov, *Org. Mass Spectrom.* **1979**, *14*, 629.

[29] L.S. Golovkina, G.V. Rusinova, A.A. Petrov, *Russian Chem. Rev.* **1984**, *53*, 870.

[30] R.C. Santana, P.T. Do, M. Santikunaporn, W.E. Alvarez, J.D. Taylor, E.L. Sughrue, D.E. Resasco, *Fuel* **2006**, *85*, 643.

[31] G.B. McVicker, M. Daage, M.S. Touvelle, C.W. Hudson, D.P. Klein, W.C. Baird Jr, B.R. Cook, J.G. Chen, S. Hantzer, D.E.W. Vaughan, E.S. Ellis, O.C. Feeley, *J. Catal.* **2002**, *210*, 137.

[32] M. Santikunaporn, J.E. Herrera, S. Jongpatiwut, D.E. Resasco, W.E. Alvarez, E.L. Sughrue, *J. Catal.* **2004**, *228*, 100.

[33] M. A. Arribas, P. Conceptión, A. Martínez, *Appl. Catal.* A **2004**, *267*, 111.

[34] M.A. Arribas, A. Corma, M.J. Díaz-Cabañas, A. Martínez, *Appl. Catal. A* **2004**, *273*, 277.

[35] H. Ma, X. Yang, G. Wen, G. Tian, L. Wang, Y. Xu, B. Wang, Z. Tian, L. Lin, *Catal. Lett.* **2007**, *116*, 149.

[36] H. Liu, X. Meng, D. Zhao, Y. Li, Chem. *Eng. J.* **2008**, *140*, 424.

[37] A. Infantes-Molina, J. Mérida-Robles, E. Rodríguez-Castellón, J.L.G. Fierro, A. Jiménez-López, *Appl. Catal. B* **2007**, *73*, 180.

[38] D. Kubicka, N. Kumar, P. Mäki-Arvela, M. Tiitta, V. Niemi, T. Salmi, D.Y. Murzin, *J. Catal.* **2004**, *222*, 65.

[39] D. Kubicka, N. Kumar, P. Mäki-Arvela, M. Tiitta, V. Niemi, H. Karhu, T. Salmi, D.Y. Murzin, *J. Catal.* **2004**, *227*, 313.

[40] M. Che, C.O. Bennett, *Adv. Catal.* **1989**, *36*, 55.

[41] B. Coq, F. Figueras, *Coord. Chem. Rev.* **1998**, *178-180*, 1753.

[42] K.M. Sancier, *J. Catal.* **1971**, *20*, 106.

[43] S.T. Srinivas, P. Kanta Rao, *J. Catal.* **1994**, *148*, 470.

[44] K. Fujimoto, in: T. Inui, K. Fujimoto, T. Uchijima, M. Massi (Eds.), *Stud. Surf. Sci. Catal.* **1993**, vol. 77, Elsevier, Kyoto, p. 9.

[45] C. Marcilly, *Catalyse acido-basique – Application au Raffinage et à la pétrochimie*, Technip, Paris, 2003.

[46] A.W. Weitkamp, *Adv. Catal.* **1968**, *18*, 1.

[47] A. Corma, V. Gonzalez-Alfaro, A.V. Orchillés, *J. Catal.* **2001**, *200*, 34.

Conclusion générale

L'ouverture sélective des cycles aromatiques sur catalyseurs bifonctionnels peut en principe aboutir à une augmentation de l'indice de cétane des gazoles. Dans ce travail, nous nous sommes concentrés sur l'iridium supporté sur silice-alumine amorphe (ASA) comme catalyseur d'hydroconversion de la tétraline en présence de H_2S à 250-350 °C dans un microréacteur continu sous pression (4 MPa).

Une étude détaillée par analyse thermique (TG-DTA-MS) et diffraction des rayons X *in situ* du processus de décomposition du précurseur acétylacétonate d'iridium a permis d'optimiser le traitement d'activation. Alors qu'un traitement de calcination-réduction génère des agglomérats d'iridium, une simple réduction sous H_2 à 350 °C aboutit à des nanoparticules Ir finement dispersées (taille 1.5 ± 0.2 nm).

Le catalyseur Ir/ASA est stable et résiste à l'empoisonnement par le soufre, contrairement à Ir/SiO_2 et Ir/Al_2O_3. Les produits d'hydroconversion de la tétraline sont les produits d'hydrogénation et déshydrogénation (décalines et naphtalène) et les produits d'ouverture et de contraction de cycle (POCC). Le taux de craquage en produits légers est toujours faible dans nos conditions. L'analyse avancée par chromatographie en phase gazeuse bidimensionnelle (GC×GC-MS) montre que les POCC se répartissent en produits d'ouverture saturés et aromatiques, minoritaires, et en produits de contraction saturés et aromatiques, majoritaires.

Les performances catalytiques de Ir/ASA ont pu être modifiées *via* des effets de support, d'alliage et de taille.

En criblant une série de supports ASA de composition variable, nous avons montré par spectroscopie IR de la pyridine adsorbée, que pour une composition Si:Al d'environ 0,5, l'acidité de Brönsted est maximale, ce qui conduit à une activité totale et une sélectivité en POCC également maximales (14% sur Ir/SIRAL-40 *vs*. 2% sur Ir/SIRAL-5 pour des tailles moyennes de particules similaires et dans nos conditions standards : mi-conversion, 100 ppm H_2S, 350 °C). La thiorésistance de Ir/ASA s'avère élevée et indépendante de la composition de l'ASA.

D'autre part, en synthétisant des systèmes bimétalliques Ir-Pd de composition variable par co-imprégnation de précurseurs acétylacétonates, nous avons montré que l'activité augmentait par ajout de palladium. Comme dans le cas de l'iridium seul, la distribution de taille des particules n'est homogène que dans le cas d'une réduction directe des précurseurs. La sélectivité en POCC est maximale pour la composition Ir-Pd intermédiaire (22% *vs.* 14% pour Ir seul), mais cette augmentation peut s'expliquer par un effet de taille. En effet, la taille moyenne (et la dispersion de taille) augmente quand la concentration de Pd augmente. De plus, les analyses par TEM-EDX montrent que la teneur en Pd des nanoparticules augmente avec leur taille, ce qui peut s'expliquer par une diffusion plus rapide des espèces Pd sur le support lors de la préparation.

La taille des particules a été modulée par frittage thermique en atmosphère humide. Les observations HRTEM montrent que les particules restent octaédriques tronquées aux grandes tailles. Seules les proportions de sites d'interface $Ir^{\delta+}$ (XPS) et de sites de basse coordinence (CO-DRIFTS) diminuent. La sélectivité en POCC augmente considérablement avec la taille des particules : elle passe de 14 à 47% lorsque la taille moyenne augmente de 2 à 8 nm. Dans ce dernier cas, la sélectivité en ouverture de cycle est de 5% et le produit d'ouverture majoritaire est le n-butylbenzène. Les produits de contraction de cycle saturés (isomères de la décaline) sont de loin les POCC les plus abondants (36%). Cet effet de taille est expliqué par une diminution du rapport entre les quantités de sites métalliques et de sites acides de Brönsted dans le cadre d'un mécanisme bifonctionnel où la plupart des POCC seraient formés par voie acide. Le métal sert essentiellement à catalyser la formation d'intermédiaires-clés partiellement hydrogénés (octalines) et de produits saturés (décalines).

Il apparaît donc que les performances de Ir/ASA en ouverture de cycle sont modestes. Toutefois, si l'on tient compte du fait que la plupart des travaux publiés dans la littérature sont réalisés à conversion totale et/ou en l'absence de soufre, notre système s'avère intéressant, d'autant plus qu'il montre une excellente stabilité et un faible taux de craquage. Rappelons que notre analyse par chromatographie bidimensionnelle, sans précédent pour ce type de système, suggère que les performances parfois annoncées dans la littérature (jusqu'à environ 30% de sélectivité en ouverture, mais avec un taux de craquage et une désactivation élevés) sont à relativiser, tant les produits sont difficiles à séparer en GC classique. Par ailleurs, les composés majoritairement formés sur Ir/ASA, décalines et isomères à cycle(s) C_5, bien que possédant un indice de cétane individuel modeste, peuvent constituer, comme les alkyl-cycloalcanes, des intermédiaires importants dans la transformation des charges réelles. Des travaux montrent ainsi que l'indice de cétane peut être augmenté d'une dizaine de points avec des catalyseurs semblables au nôtre.

Les perspectives de ce travail de thèse sont multiples. D'une part, il s'agira de confirmer la nature de l'effet de taille observé, attribué à la proportion relative des sites métalliques et des sites acides, en faisant varier systématiquement la charge du catalyseur, et en incluant des expériences sur le support seul à conversion comparable. De plus, l'optimisation du rapport entre la force des sites acides et celle des sites métalliques pourra être réalisée en faisant varier la nature du métal et/ou du support. La piste des alliages bimétalliques est également à poursuivre, mais il conviendra d'améliorer la procédure de synthèse pour obtenir des nanoparticules alliées et de taille moyenne identique à celles du catalyseur de référence. D'autre part, l'analyse détaillée des produits par GCxGC-MS lors d'expériences cinétiques à conversion variable (ici uniquement combinées à la GC classique) permettra d'affiner le modèle mécanistique proposé. Nous envisageons également d'étudier l'influence du nombre de cycles en utilisant des molécules-modèles comme l'orthoxylène (un cycle) et le tétrahydroanthracène (trois cycles). Enfin, d'un point de vue plus appliqué, il sera intéressant d'analyser l'augmentation de l'indice de cétane d'une charge réelle par hydroconversion sur nos catalyseurs Ir/ASA en micropilote.

I want morebooks!

Buy your books fast and straightforward online - at one of the world's fastest growing online book stores! Environmentally sound due to Print-on-Demand technologies.

Buy your books online at
www.get-morebooks.com

Achetez vos livres en ligne, vite et bien, sur l'une des librairies en ligne les plus performantes au monde!
En protégeant nos ressources et notre environnement grâce à l'impression à la demande.

La librairie en ligne pour acheter plus vite
www.morebooks.fr

SIA OmniScriptum Publishing
Brivibas gatve 1 97
LV-103 9 Riga, Latvia
Telefax: +371 68620455

info@omniscriptum.com
www.omniscriptum.com

Printed by Books on Demand GmbH, Norderstedt / Germany